算境幻绘：代码艺术探索

吴剑锋 著

化学工业出版社

·北京·

内容简介

本书是数字技术与设计艺术相交集的成果，用丰富的图片展示了这类交集的各种可能性。本书基于平面设计软件平台，从运动、空间、线条、单元、色彩、非遗六个方面展现程序代码为设计师带来的创意驱动力和视觉表达力，包含纵横齿链、离散空间、磁幻涌流、正交镶嵌、缤纷配色、经纬天地等23个独立的主题模块，并对各主题的功能、原理、特色和使用案例等做了简要介绍，配以图文阐释，让读者能够全面感受技术与艺术融合的魅力。

本书可供平面设计、产品设计、数字艺术、软件开发及其交叉领域的技术工作者、研究者以及高校相关专业的师生阅读参考。

图书在版编目（CIP）数据

算境幻绘：代码艺术探索 / 吴剑锋著 . -- 北京：
化学工业出版社，2024. 6. -- ISBN 978-7-122-45810-0

Ⅰ．TP311.52

中国国家版本馆 CIP 数据核字第 2024E9627N 号

责任编辑：陈　喆　　　　　　装帧设计：朱昱宁
责任校对：宋　夏

出版发行：化学工业出版社
　　　　　（北京市东城区青年湖南街 13 号　邮政编码 100011）
印　　装：北京瑞禾彩色印刷有限公司
710mm×1000mm　1/16　印张 10　字数 300 千字
2024 年 9 月北京第 1 版第 1 次印刷

购书咨询：010-64518888　　　　售后服务：010-64518899
网　　址：http://www.cip.com.cn
凡购买本书，如有缺损质量问题，本社销售中心负责调换。

定　　价：99.00 元

前　言

这是一本设计实验记录，是由设计师和程序协作完成的艺术与设计作品。

所有程序的功能需求均由设计师提出，程序也是由设计师编写的，使用者也是设计师。这是一个令人愉悦的闭环。

这项设计实验最初的目的是尝试把程序本身当作一件作品——设计师而不是程序员的作品——并观察其可行性。设计的内涵已经如此丰富，我们没有理由不再往前走一步。实验结果超出预期，我们不在意其他设计师欣赏甚至使用这些作品，因为作品的意义不同于商品。我们的收获远大于付出。

本书的实践一定程度上颠覆了社会对设计师固有的印象，认为设计师只是技术的用户而不是技术的缔造者。当设计师跨过了最初的门槛，他们迸发出的创意多样而绚烂。我们发现，设计师的设计对象不仅可以是软件程序，也可以是逻辑行为，甚至可以是函数公式。

书中的许多技术来自各类科研项目，它们原本面目枯燥而远离大众，是设计师们赋予了它们视觉形态和可亲的意蕴。参与这本书中图像制作的设计师们已经不满足于传统的实体产品和视觉图像的设计，他们正在野心勃勃地拓展设计的边界。

著　者

目　录

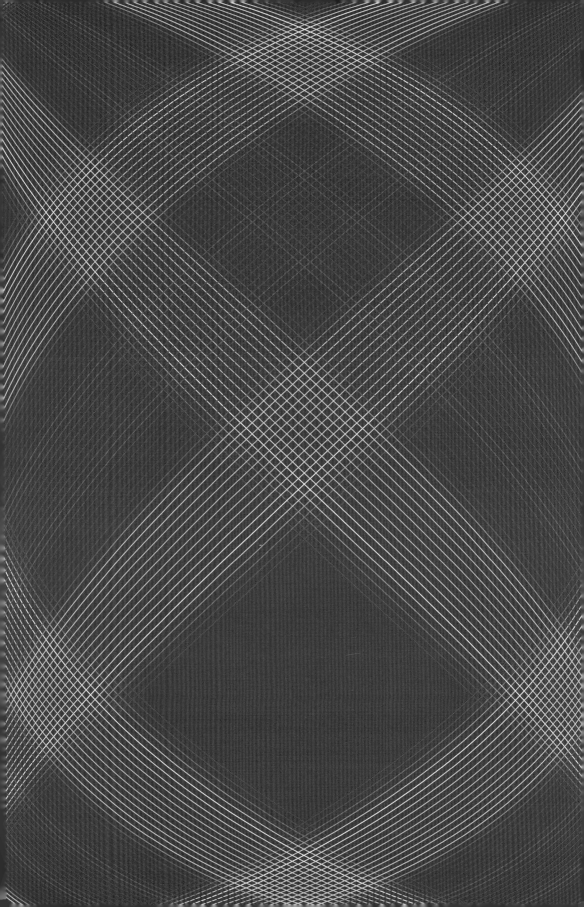

第 1 章

运动

纵横齿链　曲轨万花

律动线簇　李萨如韵

把运动固化为静态图像，
无形变为有形，
并成为观察与欣赏的艺术对象。

纵横齿链

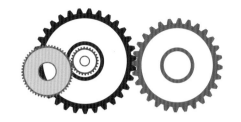

基于给定的基圆画出精确的渐开线齿轮，基于给定的传动方向曲线和啮合级数自动生成齿轮传动链，计算出每一对齿轮的直径、齿数、模数和传动比，让艺术设计中的齿轮不再是简单的象征符号，而是科学精确的机械制图，让艺术不再游离于理性之外。

齿轮，常被视作精确性与工业力量的象征。在设计师们的艺术探索中，它们成为了几何美学的载体，被赋予了更丰富的内涵。

本页的三个字形作品，以一对同心的齿轮为基本单元，通过设置路径，由多对齿轮相互啮合构造的传动链组成。通过这些齿轮捕捉传动中速度变化的微妙，它们如同是时间的刻度，静默地叙述着变化与持续。

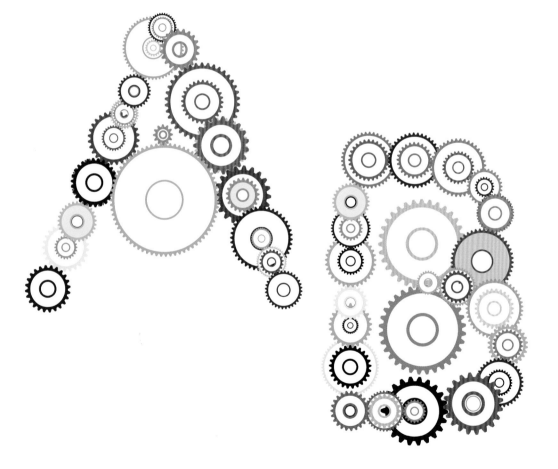

构成字形的传动链具有准确的
啮合关系。两个同心齿轮同步转动，
一个是被动齿轮，被上一级齿轮驱
动；一个是主动齿轮，把运动传递
到下一级。

生成齿轮传动链的程序
包含几个主要的参数：

1. 传动级数：这个参数决定了
路径上同心齿轮的组数。

2. 轴距：这个参数决定了
两对相邻同心齿轮间的距离。

3. 齿数：这个参数在确保小齿轮
最少齿数的前提下由程序随机生成。

4. 传动比：根据传动比计算两个齿轮的
半径和大齿轮的齿数。

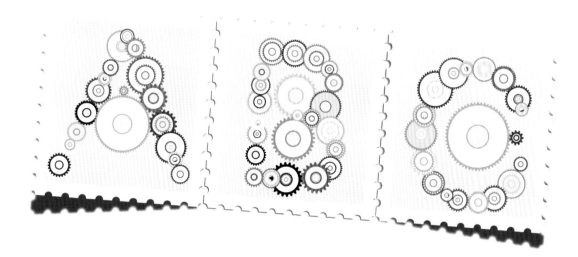

齿轮传动链字体邮票设计 2024

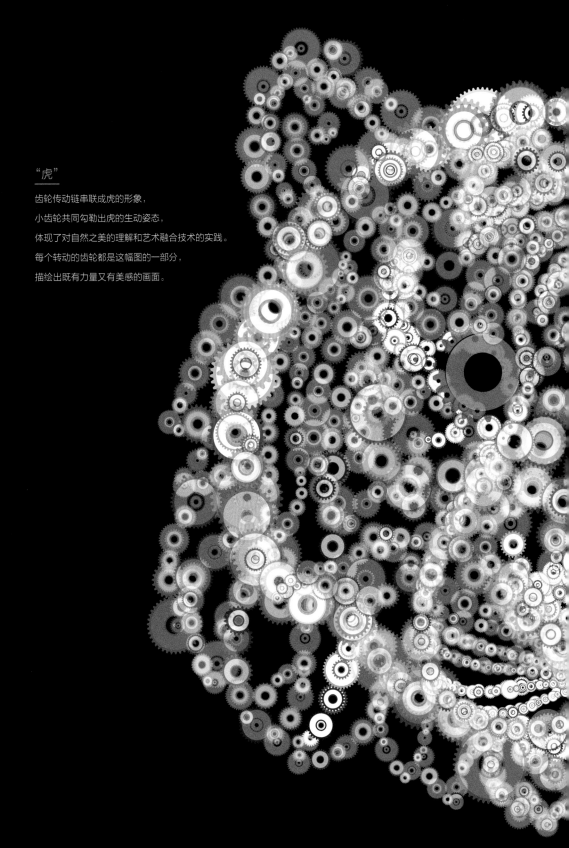

"虎"

齿轮传动链串联成虎的形象，

小齿轮共同勾勒出虎的生动姿态，

体现了对自然之美的理解和艺术融合技术的实践。

每个转动的齿轮都是这幅图的一部分，

描绘出既有力量又有美感的画面。

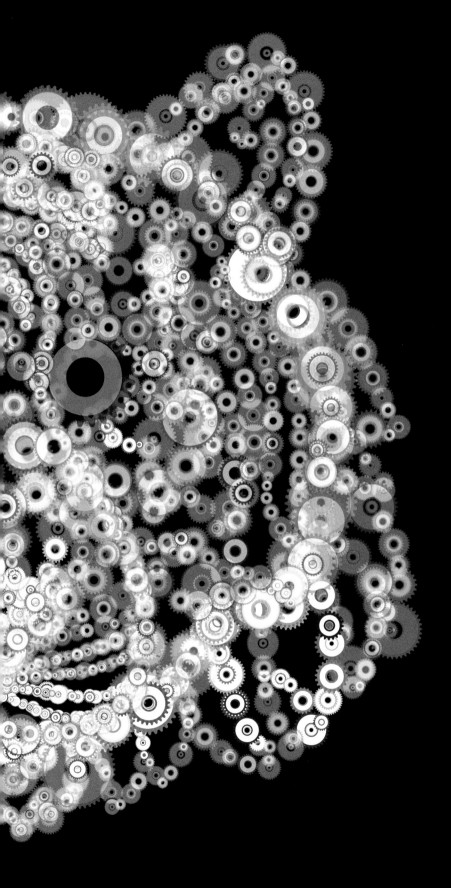

在思维的迷宫里，每一个齿轮都是一次灵感的火花，用齿轮传动链暗示思维过程复杂如机器。

彩色的想象力在黑白的理性之间穿梭，编织出一幅思想的图景。

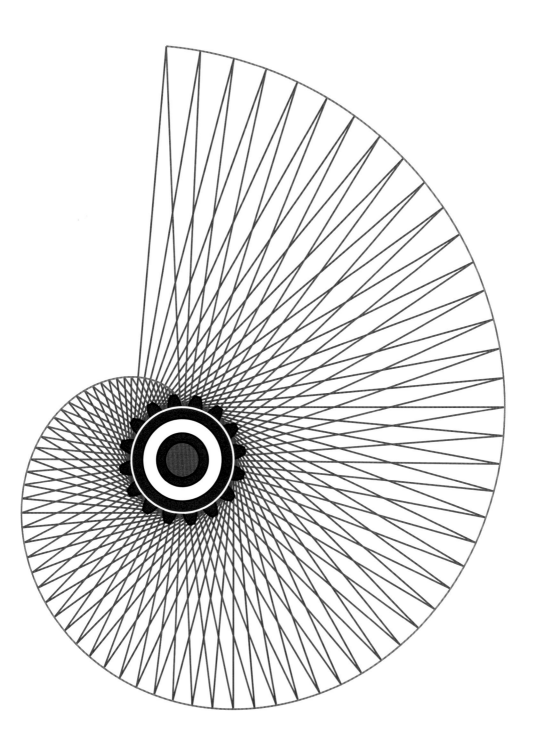

渐开线是标准齿轮的齿形特征，这幅图展示了渐开线的形成过程，

以及机械原理和运动原理自身的美感。

曲轨万花

　　模拟齿轮在曲线轨道上滚动时齿轮上点的轨迹曲线。绘制不同的轨道形状、输入齿轮直径、指定多个取点位置、为每个点设置不同的色彩，齿轮运行生成一系列复杂而有韵律的曲线集合，把万物运动中的隐形规律通过视觉化形式展现出来，成为审美对象。

　　机械意蕴，代码之美。
　　万花尺的基本原理是一个齿轮与另一个固定齿轮啮合，把笔尖放在动齿轮上的小孔里，齿轮运动时笔划过的轨迹可以形成美丽的曲线。

　　程序运行的原理也类似：让动齿轮每次滚过一个小的角度，计算小孔的坐标位置，然后记录下来，最后把所有记录下来的点坐标连缀成一条曲线即可。

　　数字编织了时间的曲线，万花尺的齿轮在虚拟舞台上舞动，创造出几何之美的艺术乐章。程序的神奇之处在于运动的规则，简单的动作交织出复杂的图案。

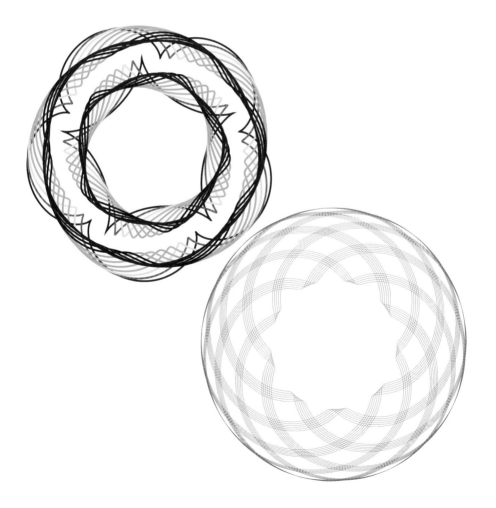

虚拟机械：万花尺

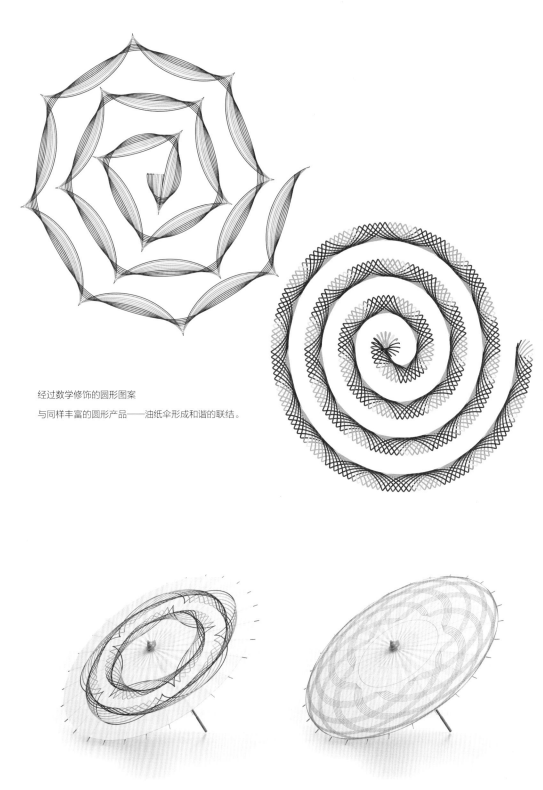

经过数学修饰的圆形图案
与同样丰富的圆形产品——油纸伞形成和谐的联结。

万花尺油纸伞设计，2023

简单的轨道形态与简单的参数，
组合出多样而丰富的图案，
程序代码在简洁的规律和复杂的表象之间
架起了一座桥梁

万花尺绮梦

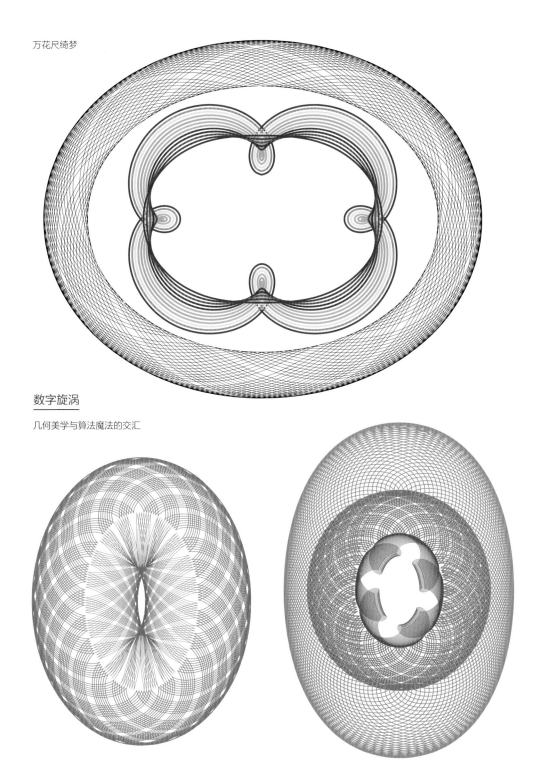

数字旋涡

几何美学与算法魔法的交汇

本组作品以异形 Path 和多曲线 Path 实现，呈现出的

不仅是细致入微的算法制作，还有虚拟空间的深邃美感。

万花尺图案书签设计 2022

万花尺图案酒标设计 2023

万花尺图案明信片设计 2022

律动线簇

复杂图案的背后经常有简单的规则，图案不是"画"出来而是"算"出来的。这是一个由三个齿轮和一根杆构成的小机械，六个参数的每一次变化都可以机构上某个点的位置形成一条不同的曲线，参数的连续变化组合出连续变化的曲线形态。这种凝固的运动就像多次曝光的照片，呈现出复杂的美感。

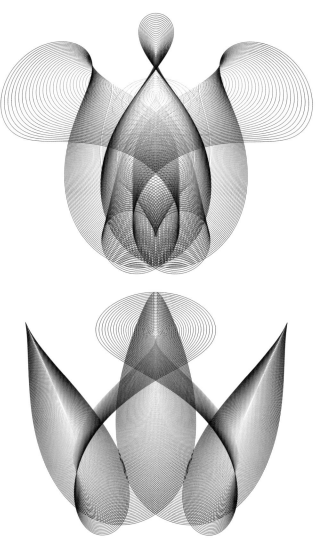

一个参数连续变化形成曲线簇展现出浮光跃金的运动美感。

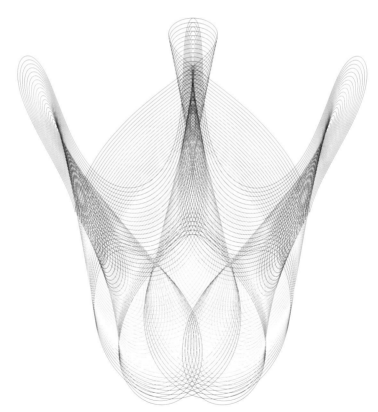

另外两个不同参数的变化形成的曲线簇。

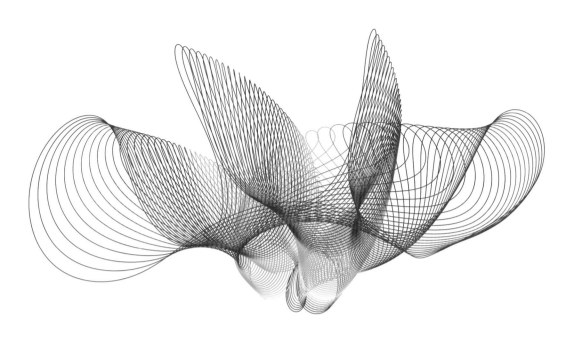

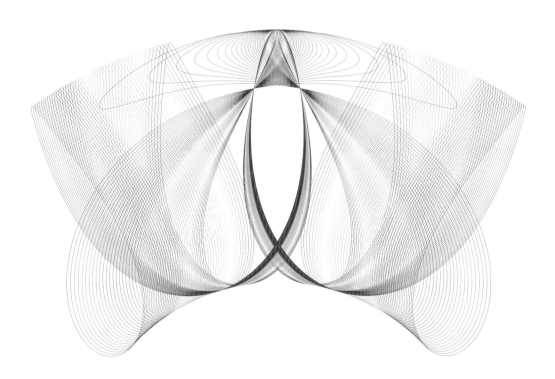

多个参数同时渐变得到截然不同的复杂曲线簇。

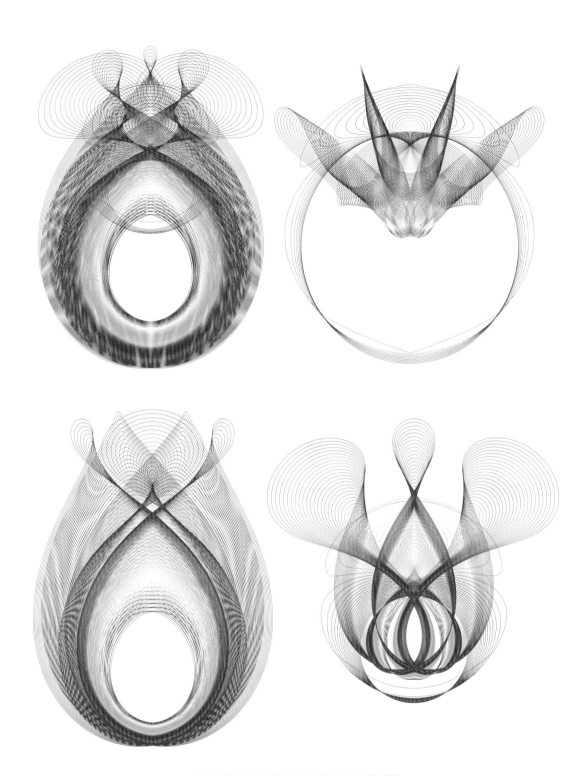

机械运动产生的视觉复杂性可以轻松突破人类的想象。

曲线装饰画设计　2022

黑胶唱片设计　2022

精心设计的参数组合可以产生特定的形态意象,
这需要设计师去慢慢认识并发现参数背后无尽的创意空间。

李萨如韵

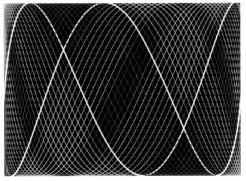

李萨如（Lissajous）图形是常见的电子轨迹形态，两个方向上不同的运动规律决定了曲线形态。用七参数表达电子的运动方程以及轨迹的色彩变化规律，让参数连续变化，并把形成的每条电子轨迹曲线填以不同的色彩，李萨如图形就成了艺术品。参数的变化方式和参数之间的组合方式几乎是无限的，因此用最简单的科学规律就定义了一个广阔的创意空间。科学与艺术本是一家，终将携手把美带给人们。

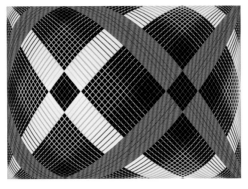

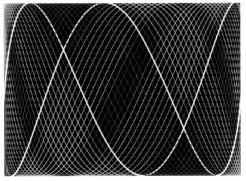

这些图形将几何的严谨与色彩的灵动巧妙结合。引导视觉流动并强化感知深度。

从绚烂多彩到严谨对比，每一种色彩搭配都是经过深思熟虑的选择，它们在数码画布上相互作用，让每一幅图形都呈现出了几何与色彩协同创造的冲击力之美。

这不仅是艺术表现力的延展，也是我们对编码中色彩使用之大胆美学思考的具体实践。

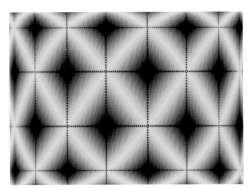

艺术的作用主要是对系列曲线簇的色彩和内部空间的填色设置了色彩的变化模式，这是艺术与科学的协作成果。

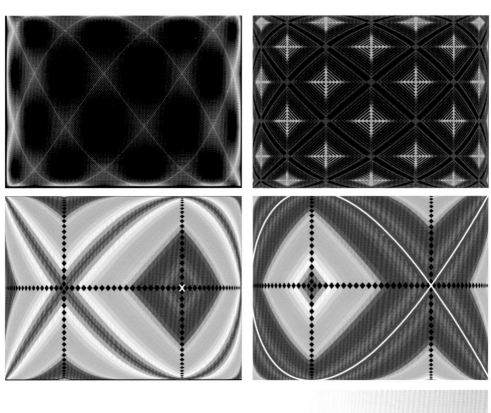

李萨如图案抱枕设计 2022

李萨如图案挂毯设计 2023

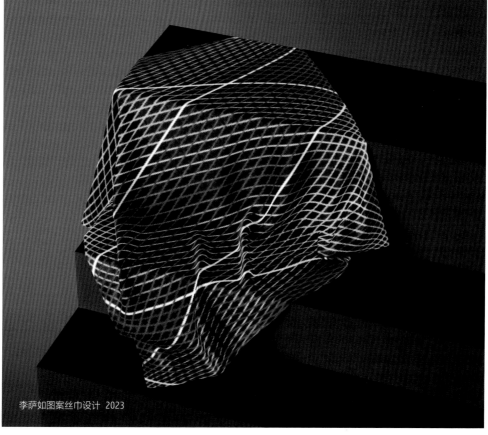

李萨如图案丝巾设计 2023

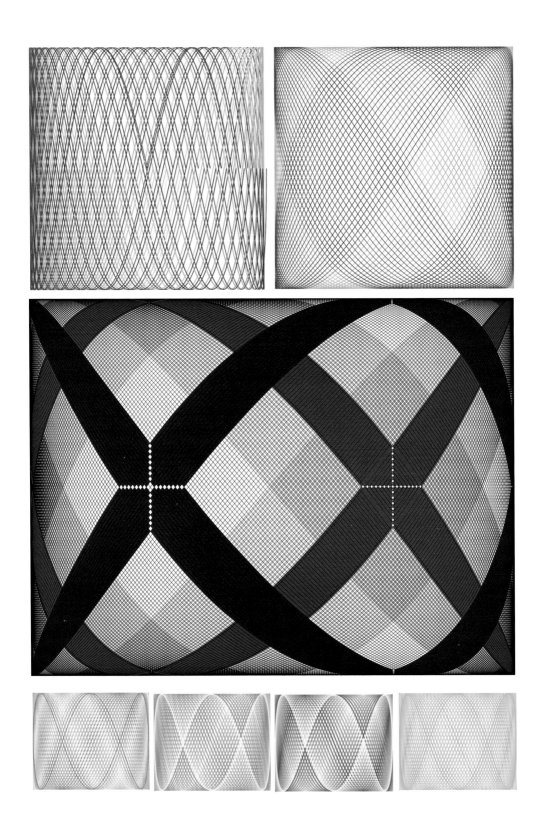

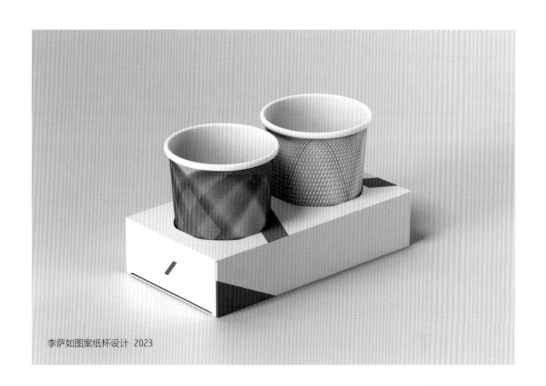

李萨如图案纸杯设计 2023

李萨如图案拎袋设计 2023

第 2 章

空间

蒙德里安　离散空间
平面三维　直方世界

用线对空间进行切割、重组、
赋色、平面转三维，
探索虚实之间的艺术潜能。

蒙德里安

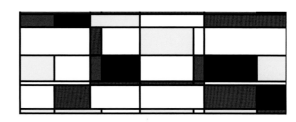

在数字时代，抽象艺术的解构方式可以被定义为另一种艺术形式。同一件抽象艺术作品可以给出多种不同的解构方式，数字艺术作品的创意灵感由此萌发。这是对蒙德里安名作的另类阐释：他的红黄蓝格子画的也许是一幅人像、一幅风景，只是分辨率太低、色彩太少而变得抽象。当采用技术手段把任意一幅具象图像的分辨率和色彩数降到一定程度，就可以再现蒙德里安的作品了。

艺术探索：重现蒙德里安

蒙德里安是现代主义的代表人物之一，垂直水平的线条风格，大面积高饱和的色块，是其作品的鲜明风格。在这些作品中，观众可以感受到色彩、空间、律动、平衡、纯粹、美与和谐。

当用程序再现这种艺术风格时不难发现，画几何格子与上色是两项主要的工作。第一项工作中生成图像的行密度是主要参数，即一行需要几个格子，再根据源图的宽高比自动计算出纵向格子数。

格子的颜色则由一种概率算法来选定。

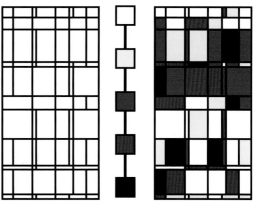

蒙德里安图案座椅布面设计 2023

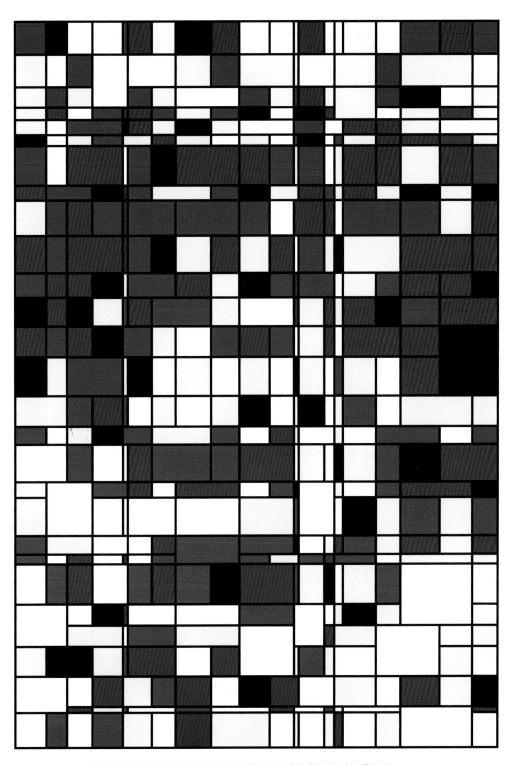

通过方格密度的控制增加，蒙德里安的现代几何理念被数字化的魔法重新解构。

唐三彩

在蒙德里安的作品中，

色彩被限定在红黄蓝黑白之中。

通过改写上色的算法，

扩大程序的色彩选择范围，

这种艺术风格可以呈现

更加丰富的视觉效果。

唐代的陶俑色彩明艳，

经由"蒙德里安化"后，

增添了画面秩序感的同时不失其形态神韵。

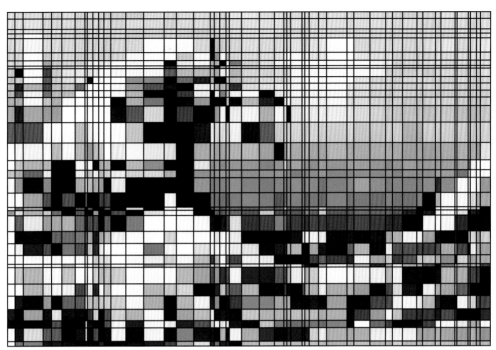

东方的浮世绘和西方维纳斯的诞生，
都可以通过算法形成独特的视觉效果。

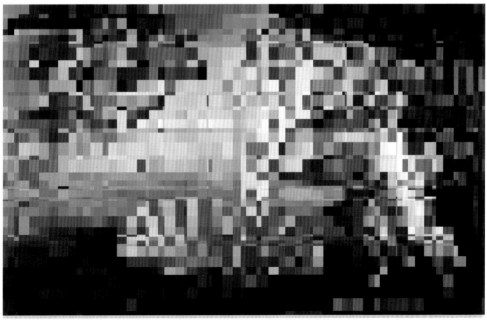

离散空间

常规状态下，存在于一个空间中的曲线会成为视觉的焦点。当曲线不再是空间里的线条实体，而是变成了分割空间的工具，会产生不同的视觉观感。被曲线分割后形成的离散空间碎片被赋予了不同的色彩，背景变为前景，主次互换，空间从背景上升为观察对象。当色彩只有黑白两色时，程序运用智能算法识别出空间碎片之间的邻接关系，并赋予不同的色彩，巧妙地形成新的前景与背景分割，曲线作为工具则退居幕后。

离散空间（Discrete Space）是一种艺术表达，
它通过图形和颜色的变化，
将原本连续的空间解构成独立的单元或片段。

在这种表达中，曲线不再仅仅是绘画或图形的一部分，
而是变成了一种工具，用于分割和定义空间。

这些分割出的空间，
尽管仍然是二维平面上的部分，
却被视觉上解构成独立的、
有着自己颜色和形状的"碎片"。

用一组函数曲线对空间进行分割，交错填色的分割区域把用户的注意力聚焦在空间而不是曲线上。

程序是智能化判断离散空间区域的填色，确保相邻区域不同色。

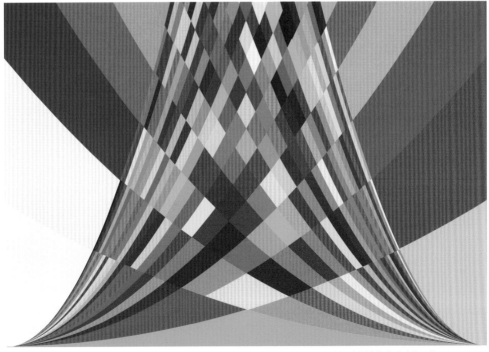

对离散空间进行随机填色，以展现碎片化空间的丰富性。这种随机性也使规律的填色方式成为可能，

比如以一幅图像作为映射源对空间的色彩进行映射。

色彩空间广告灯箱设计 2023

色彩空间地毯设计 2023

色彩空间时钟设计 2023

平面三维

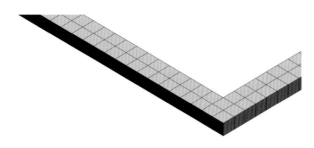

在平面空间里展现三维结构是一种常见的需求，除了摄影和建模渲染外，还有一些简单又富有设计感的方式。通过三种不同明度的同系色彩就可以在一个立方体单元上产生三维空间的视觉效果，甚至可以表达隐藏结构，在 2D 空间里构建一个 3D 的像素世界。输入可以是一条简单的自定义曲线，立方体单元的尺寸大小和曲线的空间旋转扫描等动作均由程序自动完成。

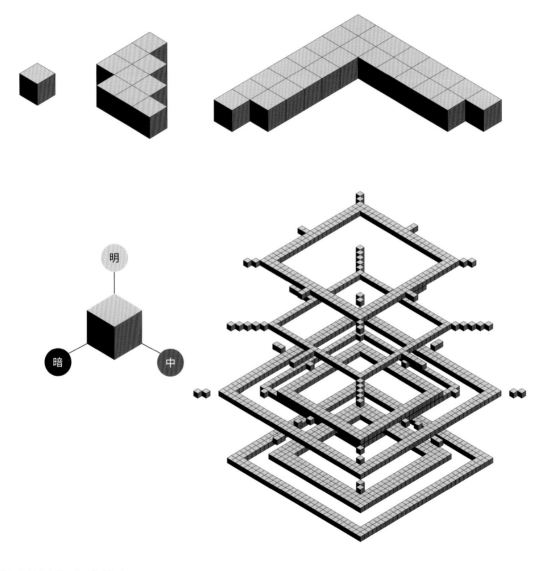

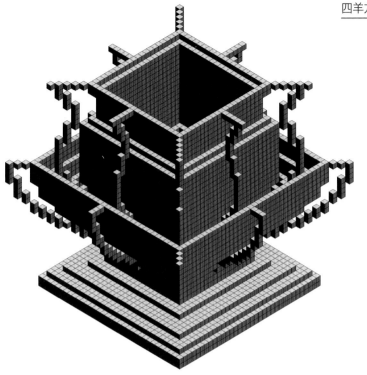

在二维平面表达三维空间是有趣的表达手段。这一系列图像通过编码技术与几何美学结合，
通过简单的立方体重叠与颜色渐变，创造出深邃的三维错觉，展现了从平面到立体的视觉转换。

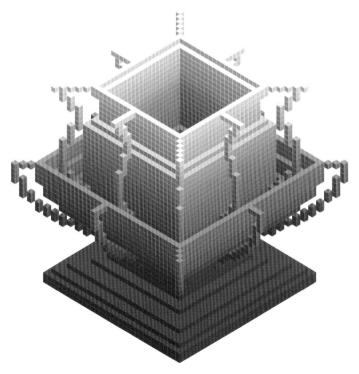

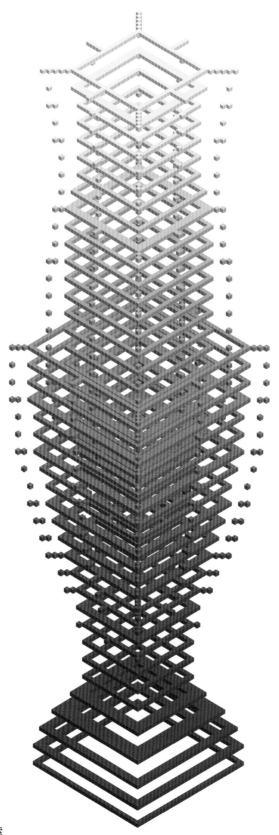

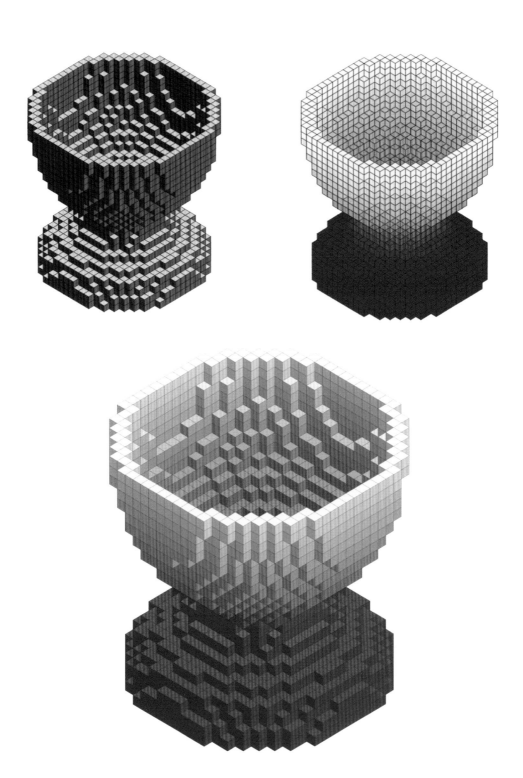

这种 2.5D 形态的深度解构，用平面图形表达的 3D 形态不仅有整体视觉，还可以有内部结构。

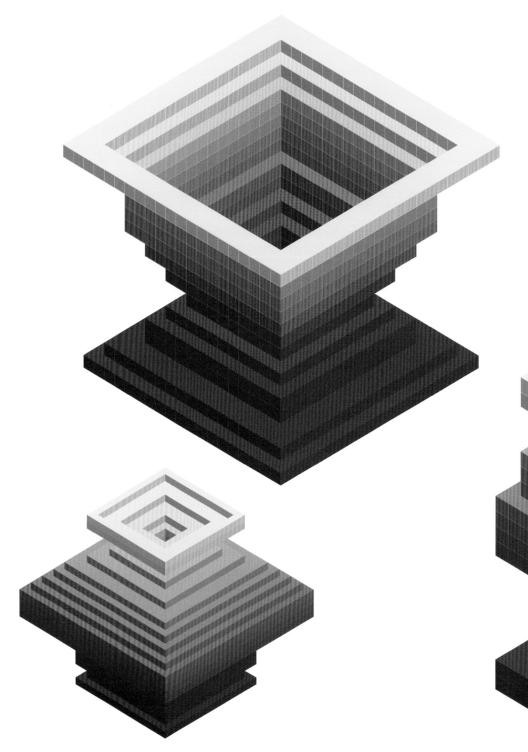

2.5D 形态是基于几条曲线建构而成，3D 软件中的扫描建模逻辑被复制再现到平面空间。

程序内部是严谨的 3D 算法，所呈现的 2D 形象只是一个视觉载体。

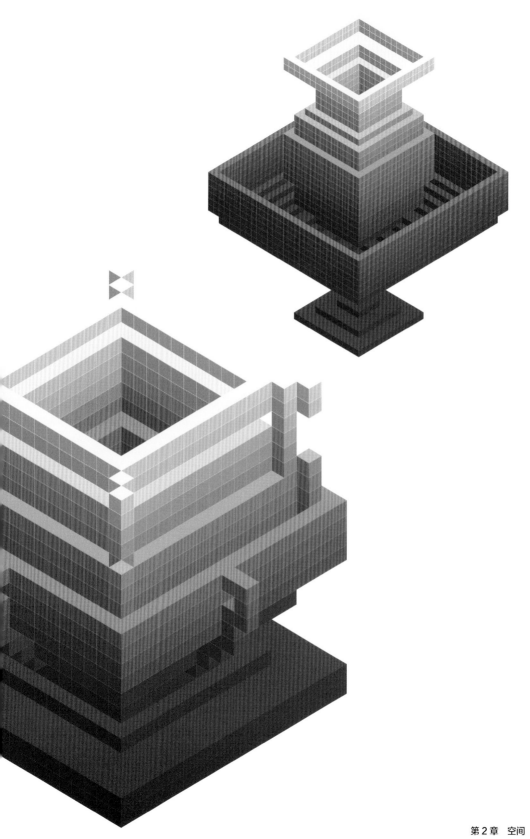

直方世界

　　现实世界在人脑中的映像存在着不同尺度的细节，人眼聚焦的精度也因此不同。对此，程序用大小不一的方块对图像进行解构，通过智能算法识别图像不同位置处的细节程度，以确定方块的大小，在用方块对图像进行重构时，在抽象与细节之间取得一种协调的平衡，令人感觉既有大刀阔斧的抽象和删繁就简，同时也在局部保留了必要的细节。

文创雨伞设计 2022

通过色彩方格的图像生成工具，夜宴被重新诠释，
打开了一种跨文化的现代视角。
将传统的线条与色彩转化为抽象的几何形态，
每个格子的大小随机变化，
营造出一种节奏和韵律。

既保留了原作的精神，又添加了一层现代抽象艺术的维度。

在这幅作品中，中国古典绘画的精致与色彩方格的现代几何美学交相辉映，展现出了文化的交融与艺术的无界。

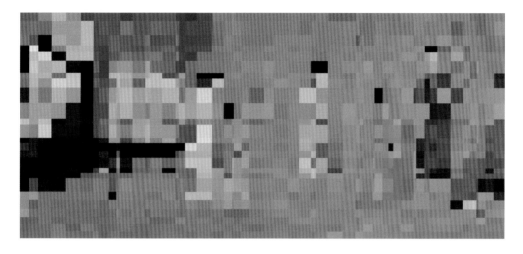

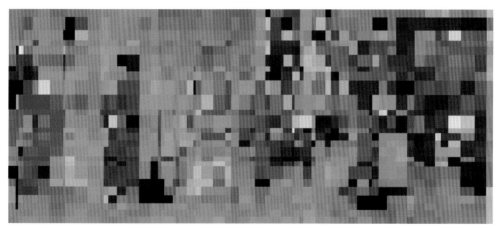

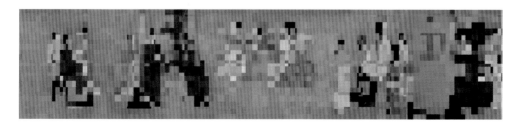

皮影戏的色彩光影

色彩是人感知世界最重要的方式，某种程度上，形态的概念是通过色彩的变化来定义的。

右图层次细分的马赛克基于色彩的空间变化幅度展开，为观者提供了一种对形态的视觉导引，

把"色彩变化"这一形态定义模式进行了显式展现。

对比左图无变化的马赛克大小，可以看到皮影细节的层次差异。

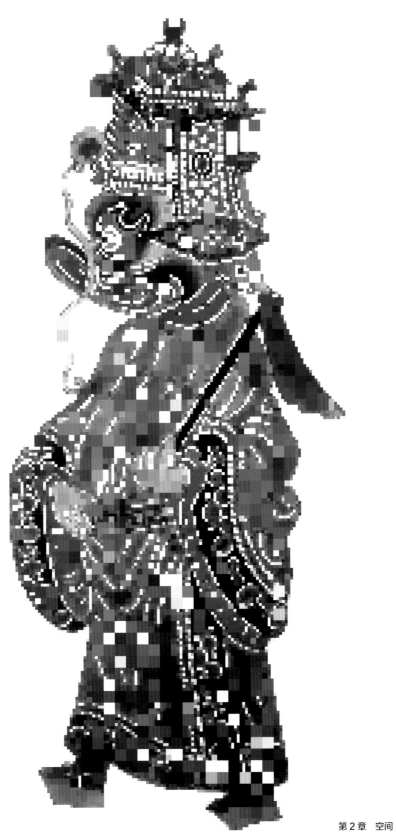

舞狮的形态有着更加丰富的色彩变化和细节层次，
但并不需要对所有部位进行同等水平的细节表现，
基于色彩的马赛克细分为此提供了有效的解决方案。

展览门票设计 2023

文创手机壳设计 2023

第 3 章

线条

磁幻涌流　　灵动线魅

弦跃宇宙　　锦绣丝绒

摇曳芳菲

磁力、重力、色彩、概率、高度等要素
皆可成为线条塑造的手段，
线条不再是线本身，
而是各种存在物的映像。

磁幻涌流

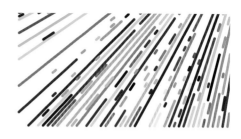

寻常的照片很少会给人以方向感，遑论每一处均带有方向的画面，但是梵高就在他的名作《星月夜》中发现了空间的方向感，并用美丽的螺旋形笔触将其呈现出来。把空间的"方向感"作为重构对象，模拟磁场形成的物理过程，在画面空间摆放若干"磁铁"并计算出每一处的磁场方向，用曲线遍历整个画面，形成密布的流动磁力线簇。再对曲线施以色彩，完成对图像的解构，营造出动感意象。

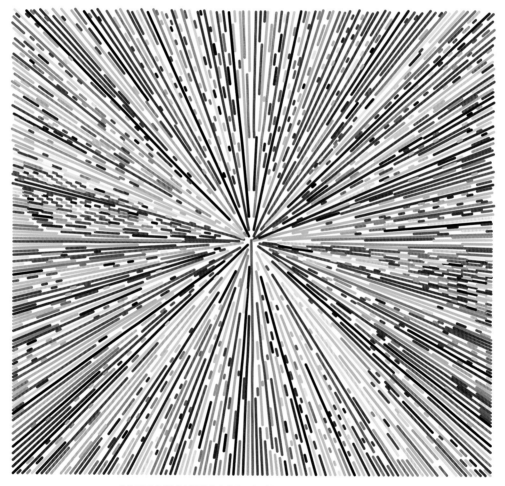

将物理现象尝试向视觉艺术转化，探索其背后的独特美感与动态感。

通过一个磁铁产生了从中心辐射出去的磁力线，

形成一种独有的视觉节奏，较小的线条偏移角度给画面带来了更具活力的视觉冲击力。

多个磁铁的出现，创造了一些更为复杂的磁场画面。错综复杂的磁力线图案，

彼此交织并产生了新的视觉路径。线条偏移角度增大，加强了图形的动感，使整个画面似乎在脉动和呼吸。

磁铁的摆放位置和磁力线色彩的设置都成了艺术家创作的画笔，让磁场变成了可欣赏的艺术作品。

创意纸卡设计 2023

装饰画设计 2023

用磁铁位置的精巧布置再现莫奈名作中的动感笔触。
磁力线的粗细模拟了不同粗细的油画棒，形成独特的效果。

《日出·印象》是法国印象派画家克劳德·莫奈于 1872 年
在勒阿弗尔港口创作的一幅油画，该画描绘了晨雾笼罩中
的日出港口景象，是印象派的代表作品。

灵动线魅

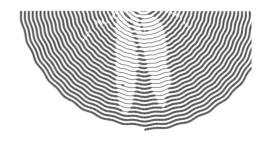

Line art 简洁又丰富的形式蕴含着巨大的魅力，并吸引了无数设计师、艺术家和程序员。将灰度图像用 Line art 形式重新表达为单色条纹，形成版画意象，用精致细密的线条再现古老的铜版画独特的空间感和方向感。

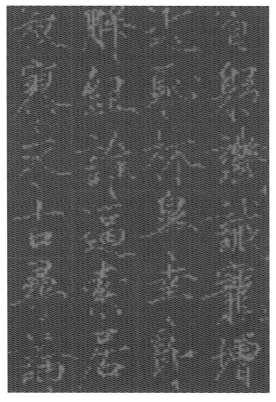

同样是针对书法的抽象表达，
这组数字书法作品尝试
在同一条线上使用粗细不同
的纹理表达出
书法笔触的"气"与"势"。

书法装饰画设计 2021

在这些昆虫作品案例中运用了螺旋纹，
设计师需要思考将图像的灰度与什么图形对应起来：
在同一条曲线上使用粗细不同的纹理
表达出昆虫的明暗色调。

通过波纹状的曲线
暗示表达对象中
"水"的意象和"光"的意象。

柔和的形态配以柔和的曲线，古典与现代交相辉映。

弦跃宇宙

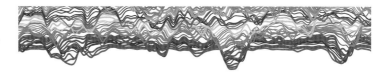

对平面图像的立体解构可以有无数种不同的形式，这是一个数字创意的渊薮，数字技术为设计师和艺术家解锁了这个空间。把图像的像素值信息转化为水平直线的偏移量，形成填充画面的曲线簇，利用一幅平面图像创造出三维地形效果。

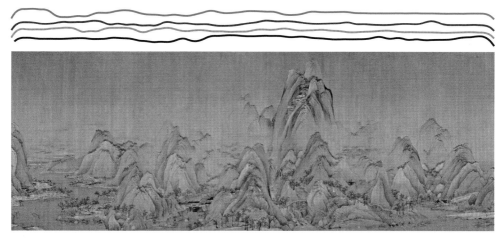

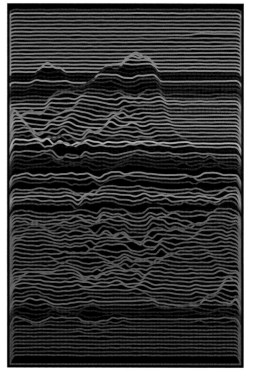

以《千里江山图》为例，对中国山水画韵律进行现代诠释。

探讨数字编码对中国山水画的现代表达，排线数细腻描绘山水，倾斜角赋予动感，

浮凸量创造立体感，使画面栩栩如生，展现古典美在数字世界的新境界。

千里江山图中的山水意象用曲线簇进行极简化表达，

但又保留了一定程度的立体感。

"丝弦"与色彩映射金属徽章设计 2024

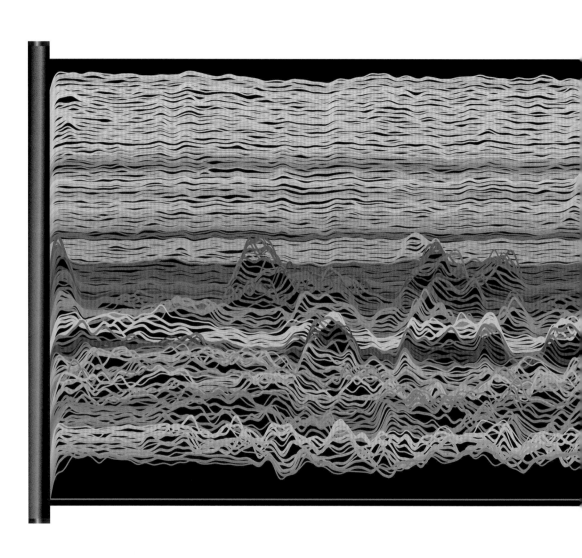

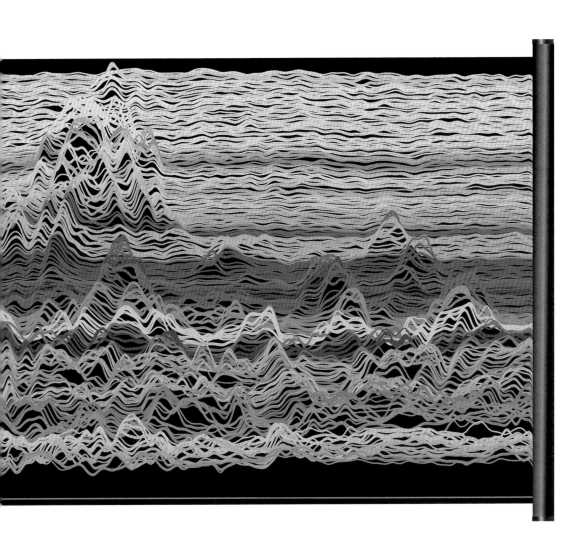

"丝弦"与色彩映射包装设计 2024

"丝弦"文字图案咖啡杯设计 2024

在保持原有文字韵律的同时，通过对单根弦的浮凸量和倾斜量的调整以及排线的密度调整，
赋予了传统文字以动态和纹理的新维度，呈现不同的视觉效果。
如同山水画一般，层层叠叠，线条交错，构成了一种数字时代的山水书法。

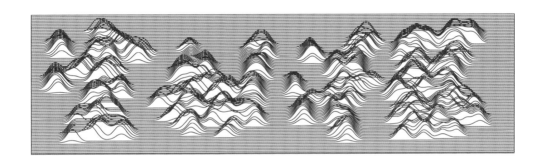

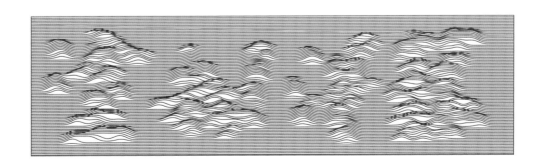

富春山居图是元代画家黄公望的作品，
以横幅长卷的形式描绘了富春江两岸秀丽的山光水色。
江南丘陵和缓起伏的曲线也可以适配丝弦的效果。
从古至今，艺术的表达形式虽千变万化，
但捕捉自然之美的初心不变。
本组作品将山水画进行现代数字重构，
通过丝弦插件的技术转化，
将传统山水的意境以线条的密集与疏远、倾斜与直立，
以及浮凸的光影效果，重新解读了经典的美。

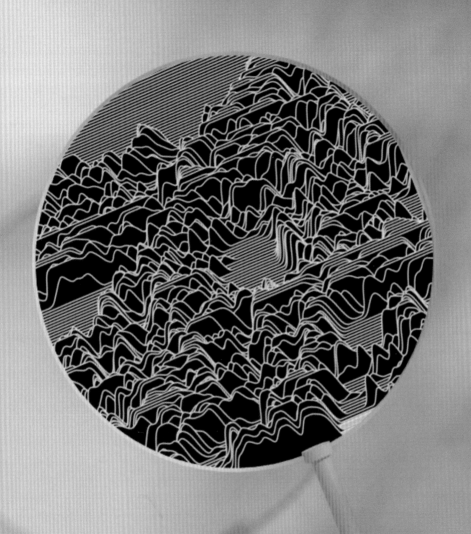

"丝弦"纹理生成的团扇设计 2023

锦绣丝绒

图像主题、形态、色彩和质感等特征均可成为艺术表现的舞台，这项技术即以质感作为工具。程序在图像空间中自由画线，基于画线位置处的像素色彩通过轮盘赌选择法确定下一步画线的位置，用曲线把同色像素串联在一起，完成画面重构，形成宏观上的丝绒视觉观感。调整输入的移动精度、线长、线数、曲线特征等参数，可以生成不同质感的曲线簇。

随机游走的绒线产生不均匀的质感，为敦煌图案营造出壁画随时间风化剥落的沧桑感。

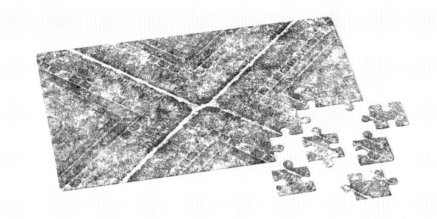

丝绒效果拼图设计 2024

"线"和色彩映射的折扇设计 2024

将图形经由丝绒效果和色彩映射插件的现代转译，
如同印章一样变幻成时间的印迹，传统图案的边界被打破，
从稳定的秩序到自由的流动色彩和形状蔓延、混合、重组，
创造出一种新的纹理感觉。

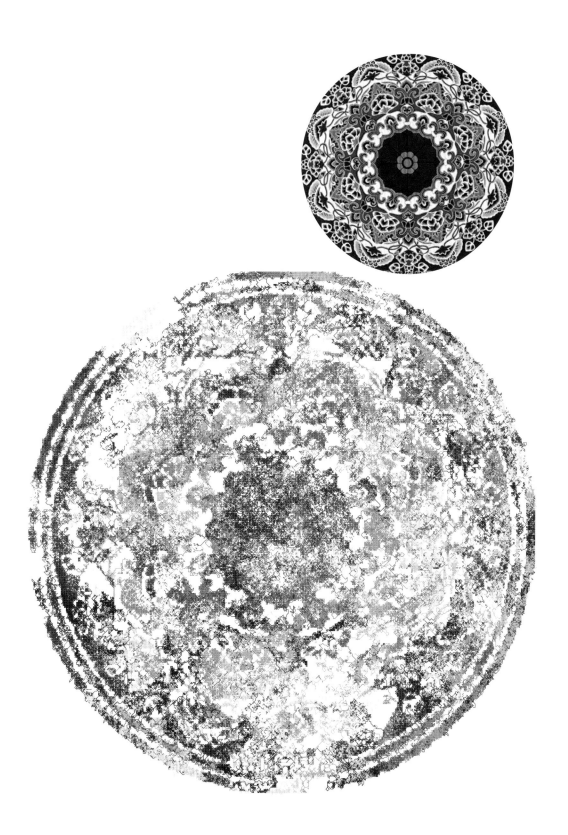

敦煌飞天在经过现代编码后，
获得了一种新的表现形式。
原本流畅的线条与鲜明的填色被转化为
毛线般斑驳线条组成的具有朦胧感的图像。
这种技术不仅捕捉了飞天形象的灵动和优雅，
还赋予它一种独特的质感和深度。

丝绒效果敦煌图案屏风设计 2023

将中国传统建筑的雄伟与古典美和现代编码技术进行了一场融合实验。

运用特定的数字功能，将坚实的瓦片、精细的龙骨、飞檐与如毛线般的折线结合，

使画面更加轻盈而有生命力，好似古老的建筑在时间的流转中逐渐蜕变，

呈现出一副印象派的风景。

摇曳芳菲

风中摇曳的植物意象被抽象出来，以简洁的变宽曲线来表达，并通过空气透视营造出空间深度，略去了自然造物的繁复细节，而保留了给人的感知映像。程序对草丛的结构进行了深度解析，并进行参数化表达，用户输入草的数量、叶子的形态、数量、宽度、展幅、风向等参数，程序据此生成具有真实感的草丛，或抽象的植物意象。

重力系数让草叶轻柔垂落，营造出了一个静谧柔美的夜景，
而流星草飘逸的形态赋予了这幅画动态与节奏，如同夜风中低语的旋律。

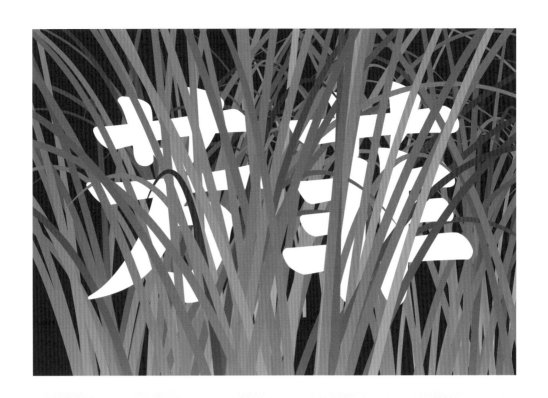

将"草叶"的粗细、色彩参数重新调整后，出现了"烟花"的视觉效果。

"风向"与重力变化后，产生了犹如挥舞荧光棒产生的视觉暂留效果。

摇曳芳菲装饰画设计 2020

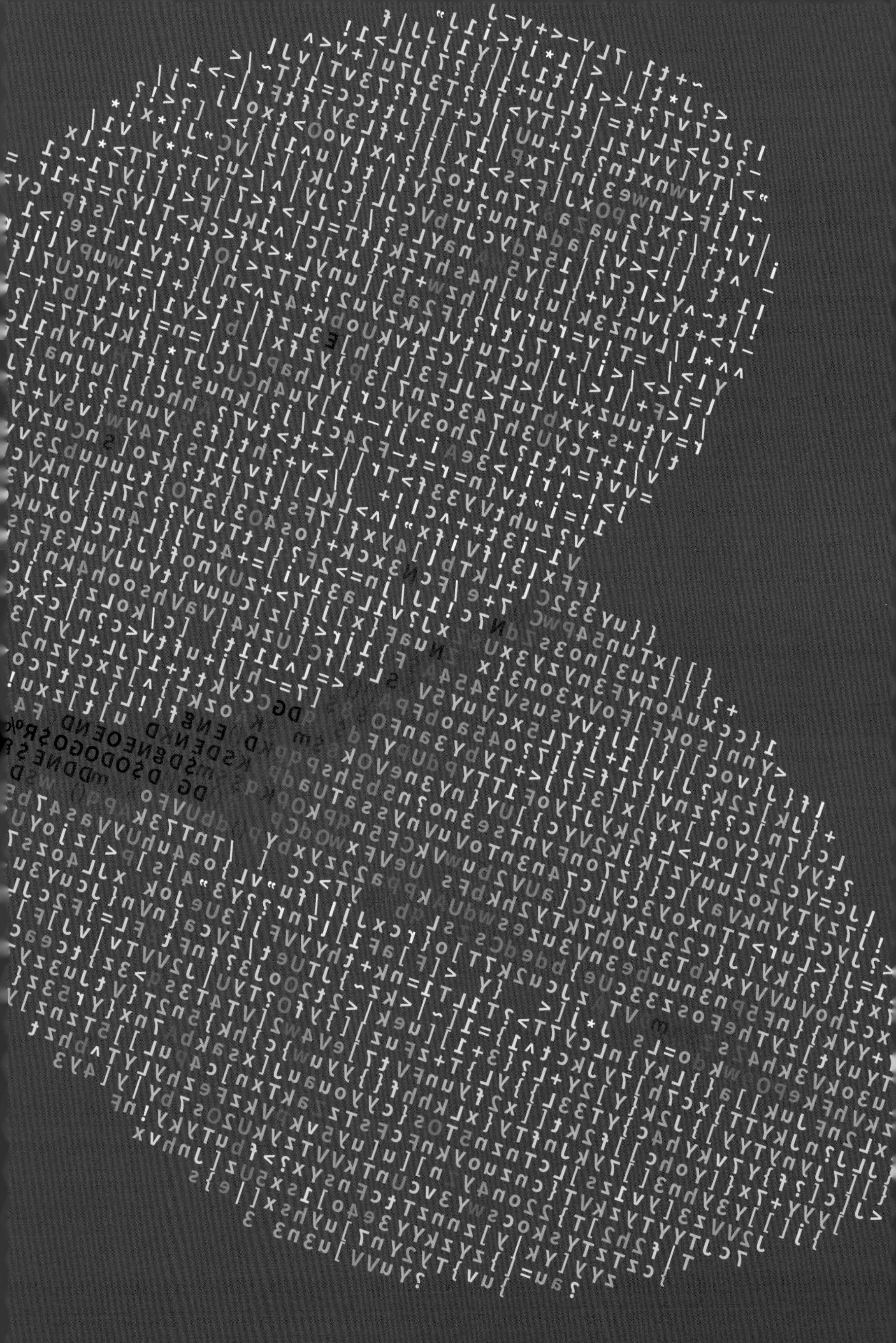

第 4 章

单元

百变替换　五色锥塔

符阵映射　正交镶嵌

任何一个抽象的点，
均可是一花一世界、一叶一乾坤，
它们的组合聚沙成塔，
成为变幻万千的艺术形象的载体。

百变替换

复杂的设计往往是从空间结构布局开始，然后逐步实施填充与细化。设计师在设计过程中的这种常规步骤得到了数字化技术的强化：对元素众多的复杂图形，先用简单的数学方法画好单元，或进行空间分割，然后把库中的图形元素取出来一个个替换，形成丰富多样但又饱含秩序感的设计。

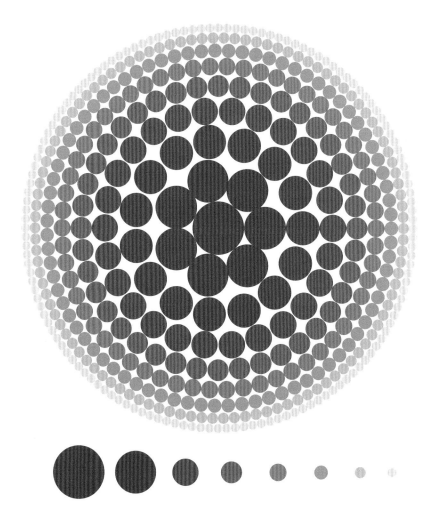

通过替换功能将左侧单一几何图形转换至右侧变幻莫测的雪花图案。

形式的变化，展现了一首交响乐，一首科技与艺术的结合曲。

从自然界汲取灵感，利用替换功能，将简单图案转变为生机盎然的视觉盛宴。

每个植物图案共同编织出一幅春意盎然的图景。这不仅是图案的变换，而且是自然美的再现。

根据不同的场景选择不同的元素替换，为平凡的物件赋予新的生命。

化妆品包装设计 2022

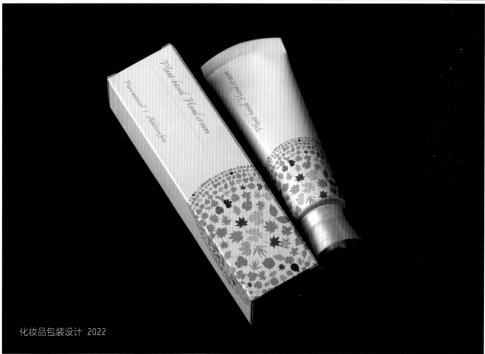

化妆品包装设计 2022

五色锥塔

在直方世界的离散方块的基础上，结合平面三维的处理方法，把所有方块元素转变为有四个面的棱锥，并对四个面赋以不同的色彩明度值，形成立体知觉。同属于空间离散化表达方法，用此种方法处理过的画面呈现出半立体的浮雕感，同时又带有镶嵌画的一些特征。

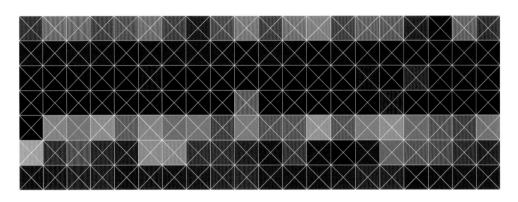

光线入射角度　　　　　　　光线入射角度

金字塔作为最小单元从顶视图来观察有四个面，

程序默认光线是从右上方照射下来的，

由此计算出四个面的明暗度，从而产生立体的视觉效果。

使用金字塔明暗滤镜的功能，使中国古典建筑的图像被赋予了新的视觉生命。

通过金字塔模块构建和色彩映射技术，每一砖一瓦都仿佛跃然纸上，提升立体感。

房檐上色块的变化，体现了光影的变化，更让这座宏伟的建筑呈现出不同于传统平面图像的深度和层次。

这不仅仅是对古典建筑的一种再现，更是科技与艺术完美融合的证明。

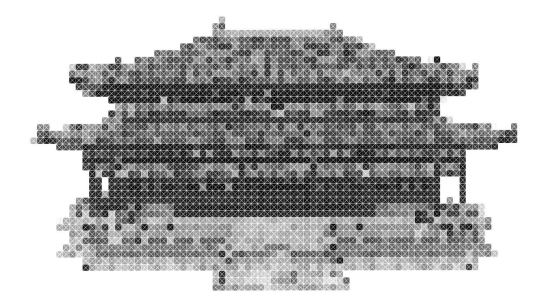

中国古建筑有非常典型的模块化特征，用另一种模块形式重新解构古建筑，形成了不同层面上的抽象感观。

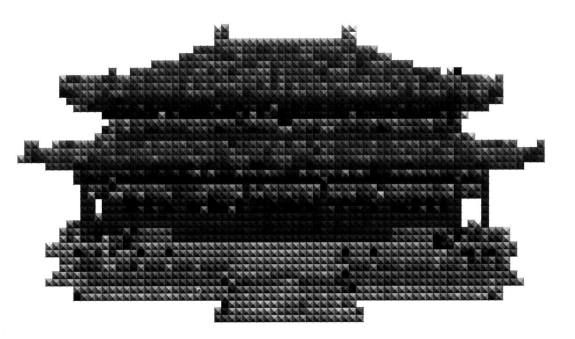

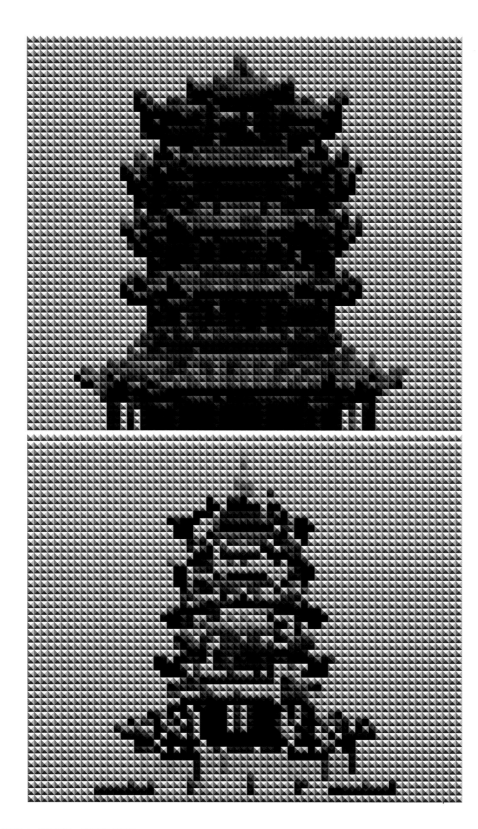

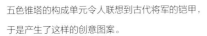
五色锥塔的构成单元令人联想到古代将军的铠甲，
于是产生了这样的创意图案。

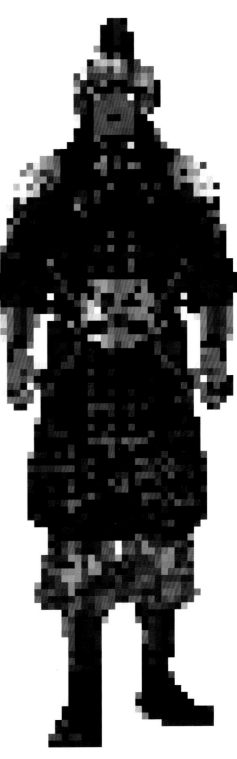

戴珍珠耳环的少女

油画的表面
除了色彩的变化,
颜料的堆积,
也会产生光影的变化。

五色锥塔的模拟立体特性
在这里产生了奇妙的效果。

文创包装设计 2021

符阵映射

字符画是初时代计算机的艺术形式，那时还没有丰富的绘图软件，只有黑屏幕上的绿色字符，但依然挡不住人们艺术创作的热情。程序计算出每一个字符的单位空间占比，转化成像素灰度值，用于替换图像中同等灰度的像素。这种经典的数字技术游戏加入色彩后形成对彩色图像的抽象再现，然后加入了字符本身的文字意象，形成独特的视觉表达。

ASCII 码是计算机中用得最广泛的字符集及其编码。7 位 ASCII 码是用七位二进制数进行编码的，可以表示 128 个字符。程序内部将这 128 个字符按照黑色覆盖率从小到大排序放到一个数组中，在遍历用户提供的图片像素时，根据像素灰度值赋予特定的字符。

ASCII 字符画捕捉和再现自然界的纹理与触感。字符和符号这些编程语言的基础元素，不再仅仅是构建逻辑和功能的工具，它们化身为捕捉现实世界美感的媒介。

上图既表达了汉字的意境，也体现了数字艺术的精细。ASCII 艺术通过每个字符的排列密度和形状共同作用，以不同的阴影和纹理展现出"哉"字的笔触，探索了文字符号在新媒介上的表现力。

通过不同黑色覆盖率的字符来捕捉绿叶的每一处细节，
字符的排列紧密模拟了叶子的纹理和露珠的光泽。

通过色彩的映射，
不仅看到了绿叶的鲜活，还能感受到自然的温度和湿润。

留白的处理巧妙地增强了图像的立体感，
凸显了光与影的层次，
让这些静态的字符仿佛在屏幕上跳动。

```
zPCOMR+·•oGMQa·········5v|~rrr•···················~|j3UT·······1SMM$4bGMK>·/
·1M$v··7FhY~o%MH··a-()QMMMMMMMg~uk·oY|·8BMMMMMMGL·4···3QMDJcFF=:L$MM<
·/MH·Uf·>r·IF•}DMc·c9MR$Paez9BMQVMMMMM}GMQ9(db9KRMD}·r#BYi2<·i+·|b·RR
·+Mm·}·*/YL=·kr·PM27F=·········tKsMMMMMF$x·········|uJ}%Ol t2·"i]T~·k·BM·
·iM%·`3dB7k·3?|s·cM9F············aBMMMMO:·········LemQ·n-<V·L1%uT-·MQ·
·DM8-j3ka!lre:}7MMMB$zbH$XCx·:2MMMMB:|4q9ZSL4%MMMJ·V·4-?`s3s[·FME·
·-DMMQR98c-^<3·QMMMMB·QM$e$#Md·}YXnY:}MBSAHMQIN MMMMMMM I j<·`rxO()NQMR!
··k9MMMMMBV·1TiMMMMMMr·AMQ>··:sM!·C-·OS-··;SMM[·BMMMMMMJj·v·MMMMMMM$!
·······~j3RMS:h·NMMMM%-hMMQ··:BY··p·1Mj·)MMP·DMMMMMQ>s·CMM$4xr:
···············:NMn·r·z:Y9B9{:/%MMP·:$2··dP·1MM!·7MMMJ·hDMZi[CMB!
···········bMO<r42TTeaQMMMj··Xn·:Z·>R-:··OMMMMQO4An5=·BMm·
···········CMAА·XУ Ih··7f;············H-·····|tZI·=·|ymf]MGI·
···········|MG<·¢t·a·······················Y·1T~bMa·
···········-·BR·:+·h···········L-·i·:··=·······+!!i·9B·
···········%%:·B·o·······>|×J54i·$·UkoC·········|<Kk·Z%v
···········mMV·|·a:······=Yo·-?·N>:3·!3{a··:··u·7·/QNi
··········uMM#RBk2ii]s·{YF·e:·y=·7j2·vC+iZsZQ#%MS-·
·········<6QMQ·;:=j·+·a~Ce-·Ou;·fefC~·|v|·dMMOk:
··········-%···········YJ:v9BMMMM%P/·e:·······z2·
··········:%j·········cOMMMMMMMMMMA······8u
··········-j·············w$$A-·+······+!·
··········-DD{···························XM[·
···········OGM#Y:·······················9·MRBY·
··········Qb50BM%KCoxJ}xsd8U2YnFd()RMM$uOMA·
··········VMMMN{]P9%QMMMMR#BQQQBRGXV75BMMMi·
··········#MMMMMMMRHhTf=+f{TY]Lf JY5AGMMMMMMMC·
··········6GMMMMMMMMMMMMMMMMMMMMMMMMMMMMMM()5·
··········]··~Je$G%QQQQQQBRRBQQQQQBREAk<·J-·
··········-·-··|cekv!··-·:|·:·::-:·+!<]aUt·
·············~<L]uPPqqdkwqwwwqhTJ<~·
```

三星堆文化

符阵映射作用于三星堆文化。

我们使用三星堆青铜面具进行了新的尝试，

通过数字的纬织，

重现了这些神秘文物的轮廓和神韵，

字符的深浅、大小、间隔精准地勾勒出

古代青铜面具的庄重与神秘。

古老的三星堆文明以一种新的方式复苏。

```
··oO5]I·•!+csY/···YMMMMi··v2s7>-•-~>}ePf·
·P-·····················|oF~·YMMMMi·>Fx············<2·
isKN$d3=F-··············~<[·a-·····+3OQPa[|mMMa()$B
DMRK S%MMs|YawwUY·····<[··a-····-·+3OQPa[|mMMa()$B
dQ!$RDUIZZ\9%MMMMda-··y···|!!·9QMMM:R9$GMMz$R·
jQ+RMMM9z-··;·|eOMMMMWI·:|/{rY·|SMMMMDh>··L>RMMM8Y§
#YWOMMMRHH9$D8s/·+$MMMd:c{as·EMMBP|·+e69G9X4MMMM×§
:#Y98Kb#MMMMMMM9J·:4BM#fY7issMMB[·3RMMMMMM89$8sPH
·xR=?·XMMMMMMMME}·~$MMnJrHMM9i:dMMMMMMMM89$8sPH
·r·aG+=q9OGMMMMMMMM#c·q}·J>ek:TQMMMMMMMMMKMKO!<Qt
·-QX~MMM<7EMMMMMMMMME·~NMMMMMMMMMMS{kMMjM%/$<
·uMbGMM#I·|·|=+=r•^a-·!!?>{·^a+·i/=|1!···|MMMODM>
·-BB8fIXN················-A8=^f<J···a······S2>}aMK·
cMTf•!$G~···:36··a·v>•7···-XL····=B9~=2ZRi·
·$JL+3MBAuhwR#]···<·j+·k/··2M$\kNKMM2jJtOo·
·rMI·:·BM()($8f]···~?·:·+·h·axXN8$MK·:c%;·
OF3#j9MM{·:2···33j·+·:cF=··||||aMMZ+R1SO·
dOtwi?OMMQRROOSTsuU:·iunY·9QOBRMMM=iZ1gf·
:$%BBB=>$R96xi-F·Y·|·I·4·<hK9BH~V%B%Rd·
·-·Y~{ar·L>··v·|···=F|·-a··
·h·!r!Y23-··<·?a]I||-2·
·sx{~r]F8!-·<·||P2L!·Iu+3
·bDJ:·-rooc·kh[nFuI·--·uSa
C#MMR()CoCLv=1jf?+1|ILI$dS%MM8h
IiL]tYCHmE$O########OSDXP5x+h![·
-L·sn|:·························;1su-·+·
aJ·+|-~-1[u2hsV4$2s$2n7^-~·-·!uj
8MMM$Z4uc{{{{]Y2oT7JJJ}T3U8N%MMY
?MMMMMMMMMMMMMMMMMMMMMMMMMMMMM%~
·IZHHHHHHHHHHHHHHHHHHHHHHHHHHH9J·
```

```
··<{c]v~··················o·22V3]=:·sx•osnkisF}·aI-~VYo2o2s2f-······|Jcx7!
·zt~-~r}4j·TYi·····················|siL~·h·JT!········AVI··Tit|·y=
+<·e#ROZ>Re|hP-·|[x?·····Y············RY|mMJ·#R${n
2:dMMMNO]PPZ%Z·XMMMM··············c>Li·n··JJ············YMMMM·:MB×#:sPGMMM7I
s~BMM+-22s#YVq··hM$4MM8·Tif·················~>M|~l~··OYVRYsx·aM6
O~BM#-L<AF·h-·{>·8MG·-s-x········n···>M'|7+-·~-uJy·tMMK
b·$MK·UPTr+·Iu······dMN:I·LkV··········Ah-~IQ·L···F·~Uw7-·BM5
F·bMO~·{MMM%OKEXcffk%Md/B7·}o-·····27·nN~#MN}lL3$$E#BQMR+·JMMv~
c·i#MBb>·i·^5NRB9···UMMVLBY|Vk··8··ajtaR+NMMj··+FXMM8·L
~Z-$MMMQNa7!·············XUwt-9$#gr········T##9s·2Pa>··-·||BQU#M-·
7=·j$MMMMMMQ#KPkL/-;·····························|:hPNRMMMMMMMBI·jn-
·jn~··|fdGMMMMMMMMMMMMQRK|·················MMMMMMM4>·-|s-
····>ac·!J]It/LKMMRO5$#BMMMB=·············sMMMMM%O$GO%MM5<>L]t·-PY-
·-J1EQ%QM9Pd-···········rY#9·········R8J·········q3AQMBR%MA·V-
·F-9N1L}{hMMV·············~·y············mQMM········SMDX{[=(Bb!7
YIMVPMMMMcBm;·f%QBBQM%8-·········]NBMQBBMD-·>BY8MMMMJe
·h·hkI JА×tBA·-Od:Ir!-199············!MFI~Ir|-Gd-RYaP!|9V;·y
·7!•s:A>~·94·LB!63}TW$~M|··········eZ+9ec]OVxR+·~A×3/e-y-·
·3jv+y<Y:·uS>q-·····d·vBy······<S×5}···m|B+·tT-2r<·hs-
····3u3-~mC]z~···z[2Wo·········mJd··Al$n·|zO|
jfo7^·:EhTY···dtBz········z5{···5c···A×Na·{CJh·
x~··~?DZiKH2]FNIM<············5H/SncaKw-#h····J!
[!Io··kM()cAr>|~dS·················|Mc~>//112S%^·|n:T·
L-33··~rVm%MQQMRA·······nd·QMQQQ#9x-·~~·k=}
iz+-·········~·························-=|s-
·[F-·ozn|··························jv+·|·++=-·········iYYx·v$?
··/J87l~|T22YJ<r~;···············+iI j{u23/}+I|()-h·
·-juYti:~r+fJYxTT]JJf!-;··············|{2u~-y~·
·3··Yj:·~r·v<[33Y[J{Jf{]7J]u2nJr;·+:·|··
·-fhERDP27>·······················!I|caH$%$T-·:T·
·kI···>n8GQMMQBROOR%BQMMM$$T}······[+
·=h·······~r|[uohV3Y]j|·-··-vs-·
·vksn7]r~-~··-·-·~-=|2FZ<·
·i1JcA()()9sc]ccoP6dx{v/-
```

```
·|wMhMBJ·····················/|M%9Ms·
iдM9Bs··························~-TM$M2:
isM%S3-·····hT<I=!-<]hc{e!4!-r1|nj···VQ%Mn·
-x%JR5-······322>!ixiL••+·+7virVfka······TMcM3·
3MGBC4I·232Lhnir4·-r~-u·}YiFn7{fJ·|kEEQEs
cCM#M$|!<aMk=|srjh:<-i·o·jaun7<dBcI!}BBBMJ!·
VwBOmNMB8%MD<KI+7·V·i-i·x:+TjJ+-9N%OM$aQM|h·
o2MMBMQMBT!F/ocis·r-{IY2h4·?MMRMQMB}|·
ILBTBPARsJNN#QM·····|hMMBOm#ICg€ZMzEx:·
vGTQa=$C2fMNk{V#Q:··-MDU{sOMTnqU-3#wp;·
jO#$sxmw%d;F2S6i]·:1-·|nE2{g·ZME%M>F·
f m#RF3MMeD:OMMS5D··:R7l#qm-RbMO/xM%F-·
JDYMe·q3MO·q3$9w$·:·%YSZOP·M#8<·2BO5·
sQCBh···BPr{=:UF>·++·]ay·k-|8E··}NESo·
sRMMk·:ME26]·:<SL+·FK-:·u8()G#·····YMMAf·
3OmMn··()9R•YZmw-I~ti·^~CNer jQ%u·:kGRZ·
·|·:-~oM7M3··tu5·wcj;·f·|nF·ku/·····hBaG4·-:~1·
!3·:k+9M9M3·······k·VI|;~HG3~;|?•<·:·····nMmMdJ/·-[·
[a1YB]3hMQ#4···ORKBMMMMMMMMMm%()BC······FMBQLsC#=7/z-·
·/^rQ+21J<t·······YMMMQB#BMRRBMMMM!····*V|/?+xoO·z~
s·{#--tl•·to····························r·38N9NKEgmQx~··-·-·1=|jM~-f
c·MMB89#]>+-·Ysd()w3jaI-i/7s Z55Fj·F·wgPXMMO-:!
·[·ME·k<3JrIBMo·:#M%7!T•3ME·HM$·Y>4i-F:Q#>·
·||M7]··-~+$$MH·rH#MMMMMKm:~RMKHn···-9%-2·
·|·8B:~FF}·afMMM!··-·-·-·e·cMMBst~ks2|IMc+·
-z;XR=·|RB4?]rxd$|n>-···Jn|9UL^TLhMF-·TMh·F·
·--<·rHBQ$L|h>:dMMMM#•ack=QMMMM·oI·PRM%C~·Y·
··rF+··*2;vBMMMMMME·QMMMMMMEI^]····/3·
·1unt:·NMR+·;%MMC5h3MM6·jMMO·|{3Tr·
·7QMD:·hMM{·8MM/·····iBMM$·
>M$-··i%MMC7KMMMM··~MQ·
·hMMB#MMMMMMMKMMBMMMB#MMM=
·aMMMMMK:EMa~#MMMMMMf·
·•=34n-··Z-·|QFu|
··sfJ{cw]{L+4-
OMMRMPMQMMV·
·{b!f-J77·
```

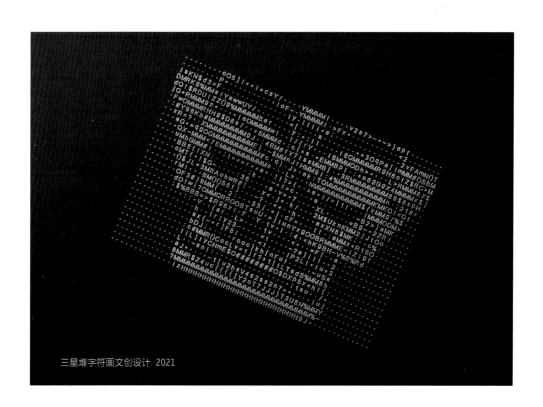

三星堆字符画文创设计 2021

三星堆字符画文创设计 2021

三星堆字符装饰画设计　2021

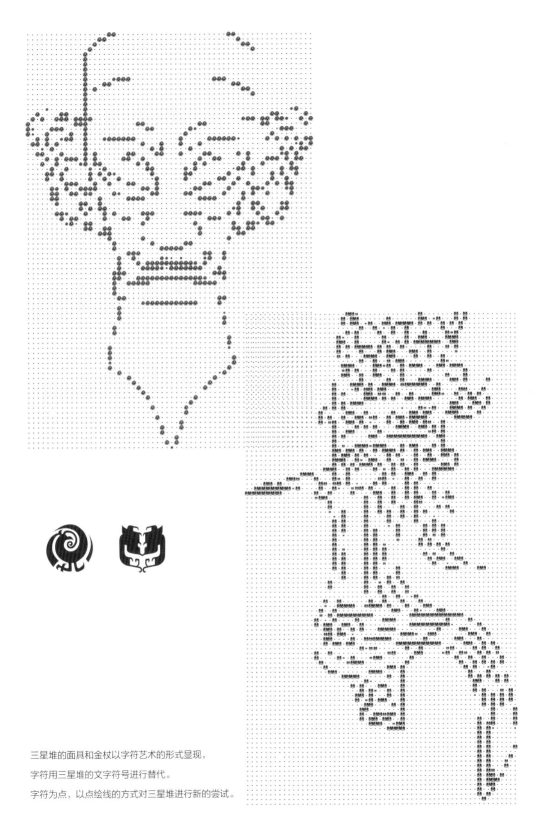

三星堆的面具和金杖以字符艺术的形式显现，
字符用三星堆的文字符号进行替代。
字符为点，以点绘线的方式对三星堆进行新的尝试。

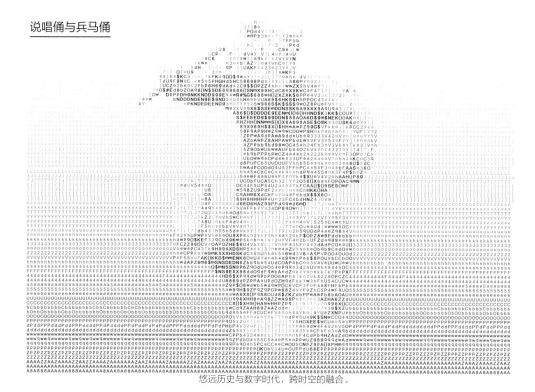

悠远历史与数字时代，跨时空的融合。

兵马俑字符画模拟展示海报设计 2022

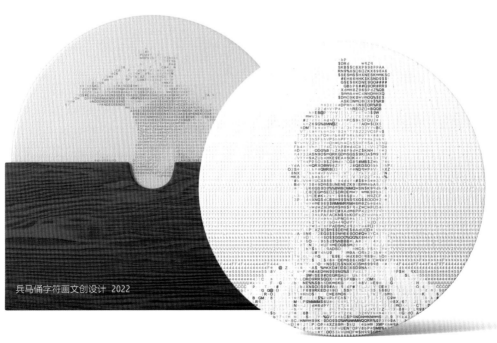

兵马俑字符画文创设计 2022

正交镶嵌

四方连续除了简单的方块单元阵列外，还有更丰富的形式。通过技术手段将四方连续延伸为任意曲边四边形的无缝镶嵌，基于给定的任意曲线进行空间分割，形成可镶嵌单元；在单元内填充图形要素，单元与图形一起延展成无限平面。这一技术对传统拼图游戏进行设计升级，带来更高的难度和更大的趣味性。

图形元素的形态、色彩、位置，每一样均平平无奇，组合在一起就形成了丰富的图案。

这就是数字技术的烹饪原料，魅力诞生于此。

即使只有一个元素，也可以通过旋转、缩放、复制等操作形成有韵律感的图案。

银杏图案丝巾设计 2023

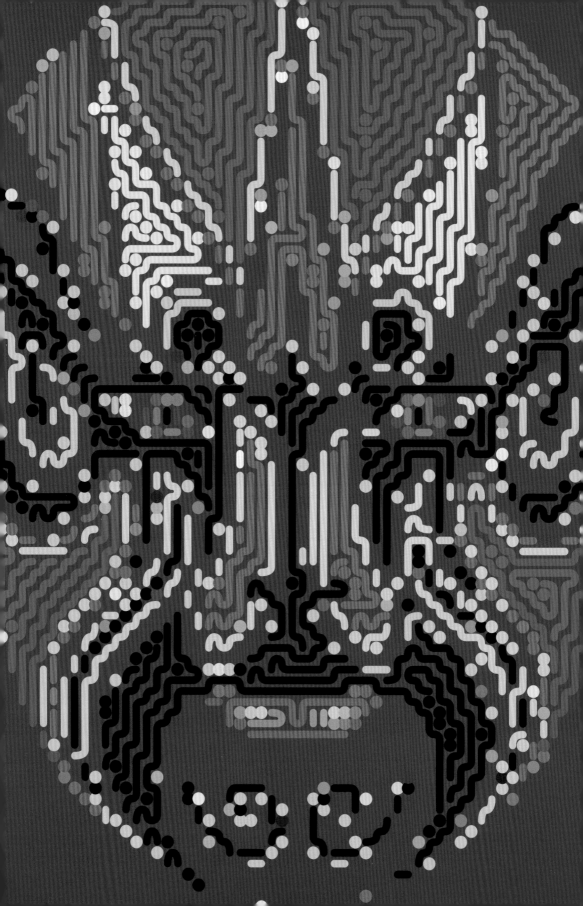

第 5 章

色彩

综采汲色　　缤纷配色

循色迷宫

世界由色彩组成，
技术手段取之于自然世界，
赋之于人造世界。

综采汲色

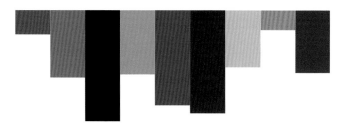

照片经常是设计师配色灵感的来源，从照片中提取色彩组合则是一个最常见的需求。基于聚类算法从图像或图库中提取特征色彩，通过指定色彩的数量进行提取。提取出的色彩不仅包含 RGB 色值，还包含各色在源图中的占比、色区邻接关系、色彩像素分散度等多种信息，并绘制成色彩网络图，用简单的方式表达图像中的复杂色彩信息，为进一步的配色设计提供精准的资源。

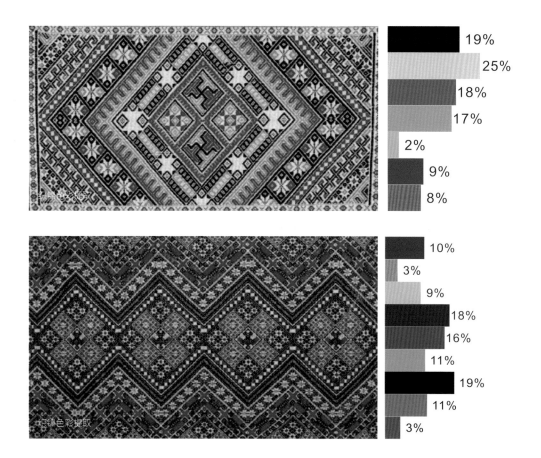

该色彩特征提取程序用到最简单的聚类技术，即"K-Means"聚类。

用户输入要提取的色彩数量，程序依据色彩的 RGB 值在色彩空间内的坐标，

依次计算各像素色彩的坐标与分类中心的距离，

然后据此进行归类。

当设计师从色彩的角度去欣赏和理解大千世界的美，对这种美进行溯源和再现就变成了一种技术需求。

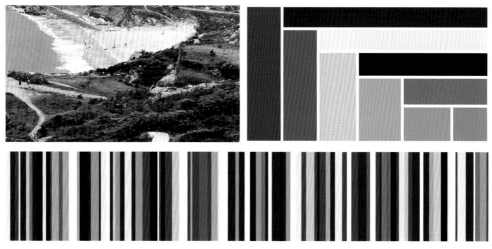

感性的色彩散发出来的美，可以有非常理性的表达方式。

很多软件都提供了从图像中提取色彩的功能，有些网站上还可以在线取色，这里主要关注提取色的应用。

如上面三幅图中，左边为 100 条宽度随机的横条纹，右边两图是使用提取色为其上色后的效果。

这些图案应用在包装上，可作为品牌的语言，通过色彩的微妙变化，讲述产品的独特故事。

设计师眼中的色彩风格再现，用数学语言来表达就是两个矩阵之间的映射，这是数字技术帮助设计师的方式。

色彩网格图提取

缤纷配色

同一组提取色在应用时可以产生多种不同的搭配效果，可以利用技术手段自动化批量生成多款配色方案供设计师比较选择。程序把提取色和设计方案表达为两个矩阵，通过矩阵映射的方式完成配色方案的批量化生成，

把设计问题转化为数学问题，有效连结了数字技术的强大能力，为配色设计的智能算法准备好最核心的步骤，即种群的生成。

批量化重组配色方案

颜色"洗牌"是一个比较简单的功能，用来把一个平面设计方案中的色彩进行批量重组，

也就是各区色彩互换，用来寻找更好的组合效果。

上图中，左侧为原始方案，其余图案均是在其基础上通过"洗牌"自动生成的。所有配色方案都是同样 7 种色彩的组合。

把最简单的洗牌行为归纳出数学逻辑用在配色设计上也可以相当出彩。

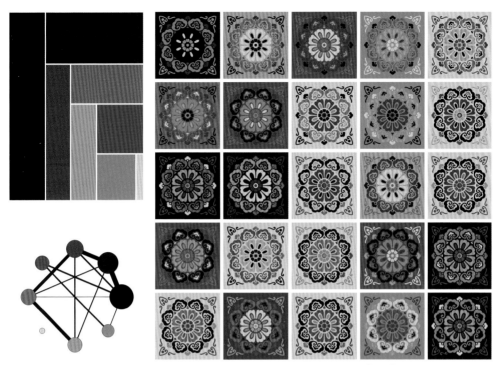

从黄昏时分的沙漠中提取灵感，这组方案融合了沙漠的温暖色彩与天空的清澈。通过颜色"洗牌"，
探索了色彩如何在不同组合中传达出沙漠的独特氛围，让人从色彩中注意到原始图像的不同局部的美感要素。

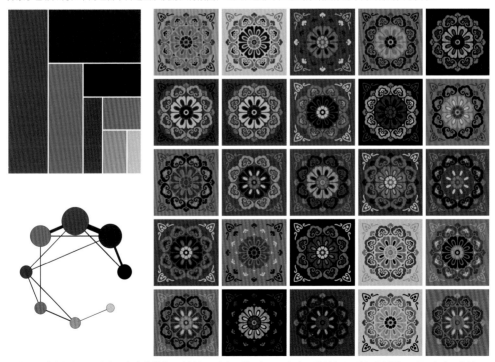

源自日照金山的色彩，这组配色方案描绘了大地与天空交汇的瞬间。深灰与暖橙的色彩通过"洗牌"展现了多种可能性，
随机的配色让原始图像中的色彩意象以多种方式再现。

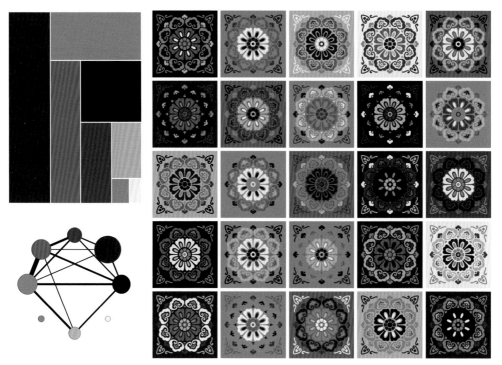

使用色彩提取功能，获得壮阔草原的色彩以及主色的像素数占比，将宁静的黄绿色调与生机勃勃的蓝绿色调结合，通过色彩"洗牌"重组排列，每种配色方案都诠释着草原的不同角度，为古老的图案注入新的生命力和活力。

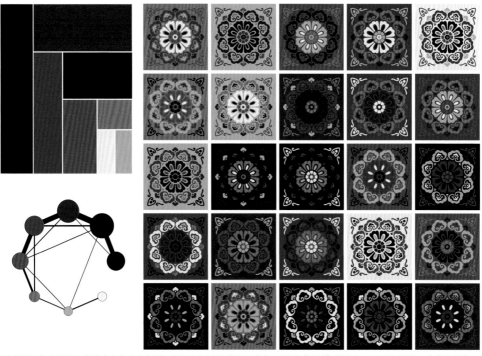

这个配色方案源自宁静的夜空的幽暗色彩。提取了深邃的紫色和蓝色，通过"洗牌"创造出一系列既神秘又优雅的设计，每一种都能引发观者深层的情感共鸣，如同在星光下沉思。

文创徽章设计 2020

笔记本封面设计 2020

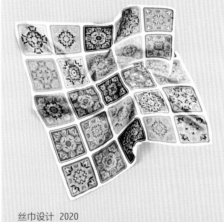

丝巾设计 2020

将飞鸟戏水的色彩提取
注入古老的图案中，
被巧妙地融入时尚的箱包设计中
它不仅仅是日常用品的
携带容器，更是历史与
现代美学完美融合的象征。

手提包设计 2020

轨道列车配色

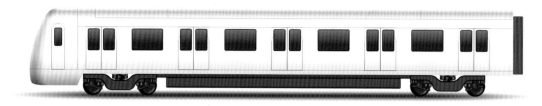

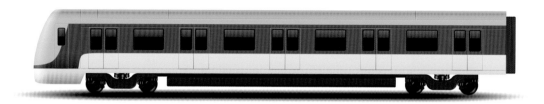

轨道列车不再是冰冷的运输工具，色彩正在成为产品的门面，

提取色来源的选取、在车体上的应用方式越来越注重呼应大众对美的感受和城市风貌的特色。

当设计面对的是一个城市的群体而不是某个设计师的个性，则对色彩应用技术提出了更高的需求。

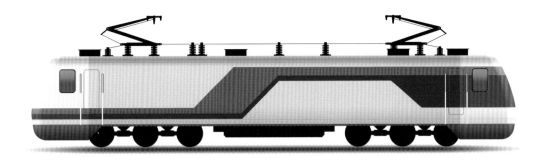

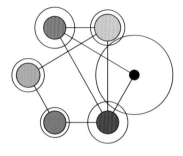

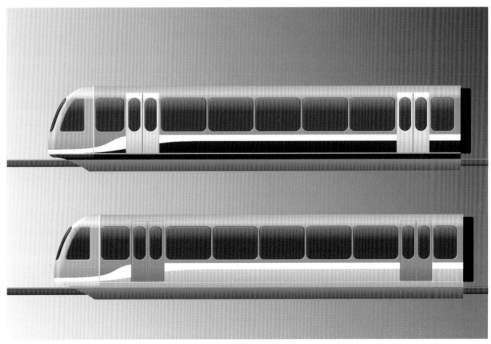

编码塑造色彩的壮丽，科技赋予设计翱翔的翅膀。

数字魔法，通过编程之力，创造出光影交织的都市脉络。

快速配色功能更让设计师可以更好地迭代和调整设计方案，

并且让群体用户共同参与这个过程成为可能。

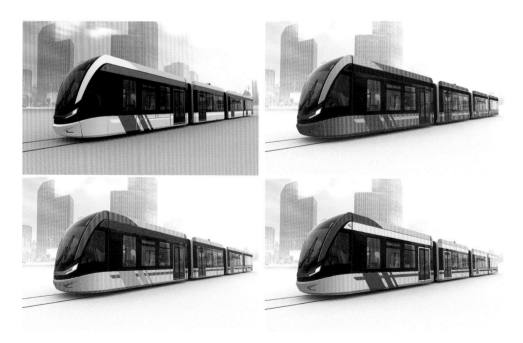

基于色彩提取的轻轨配色设计 2020

循色迷宫

许多复杂的底纹图案的形成过程可以被解释为一种均匀填充过程。利用计算机图形学中最基础的填充算法，自动追踪图像中连续的同色像素并绘制追踪轨迹形成曲线，直至整个画面填充完毕。艺术观察事物是全方位的，任何一个被忽略的侧面皆可成为艺术。让隐性的复杂过程变得可见是一种常见的艺术创作形式，特别是与科学相关的内容。数字艺术的魅力也在于此。

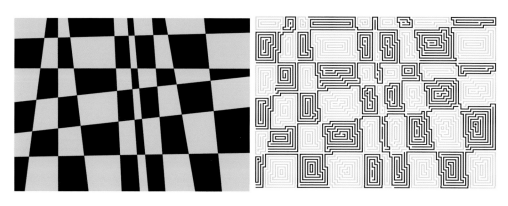

从格子画的延伸出发，保留其配色和排列方式，
形成青铜器上的典型装饰纹样——云雷纹，
将基础图案转化为一种更为细腻而有层次的视觉纹理。

格子画效果纸袋设计 2022

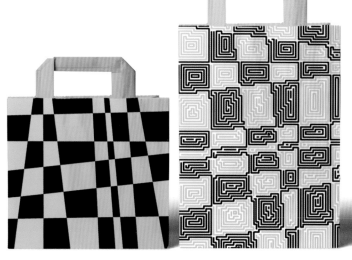

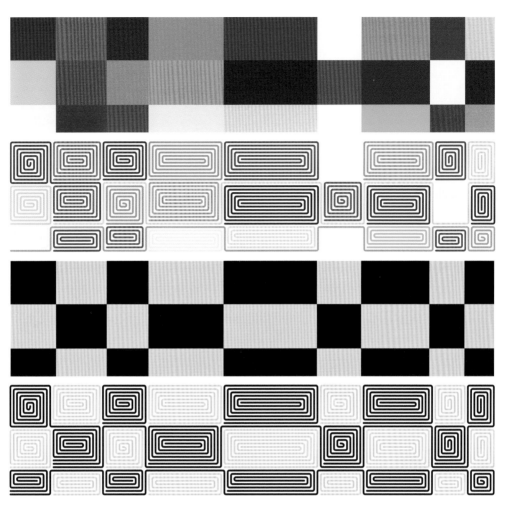

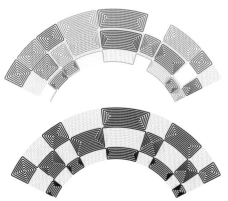

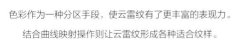

色彩作为一种分区手段，使云雷纹有了更丰富的表现力。

结合曲线映射操作则让云雷纹形成各种适合纹样。

云雷纹文创应用

扇面设计 2024

青花瓷

通过色彩的巧妙应用

和曲线长度的精准控制，

创作出了既显现代抽象感受

又不失传统文化底蕴的新艺术尝试。

通过编码技术对云雷纹的复刻，

展示了传统青花瓷艺术品的现代抽象转译。

青花瓷器轮廓由曲线构成的云雷纹填充，

这些曲线单元遵守了古代工艺的适合图案原则，

又保持了画面的平衡。

青花瓷图案装饰画设计 2022

风筝

用云雷纹对其他传统纹样

进行另类解读,

打破了传统之间的藩篱,

也是一种有意义的创新。

为了使画面曲线不那么碎,可取较大的色彩误差阈值来调整。

绘制云雷纹时,曲线在同色区域内游走,

到无路可走时,终止该曲线,然后开始画另一条。

色彩误差阈值越大,曲线就越长,否则曲线会很短很碎,且有很多圆点。

云雷纹的曲线在燕子风筝中使用，呈现出风筝特有的轻盈与灵动。

曲线在色彩相近区域的变化，既呼应了云雷纹"内卷"的特性，又赋予其自然蔓延的美感。

蝴蝶翅膀上的纹饰通过云雷纹的数字化生成方式，展现出了独特的纹理和颜色的层次感。

纹样的等密度分布则保持了图案的均衡与和谐。让传统的蝴蝶风筝焕发出新的生命力和现代美学的魅力。

迷宫

细致的 Segments 参数设定，为迷宫创造每条曲折的线条。

而 Continuity 参数则确保了图案中的线条呈现出恰到好处的疏密程度。

整体画面既充满了解密的乐趣，又不失整体的和谐、均衡感。

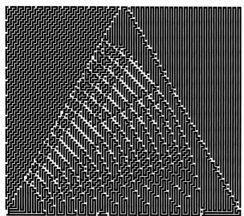 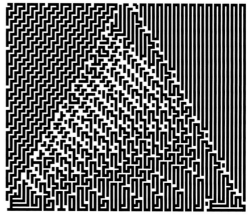

迷宫图案灯罩设计 2024

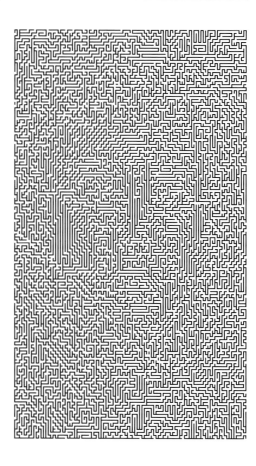

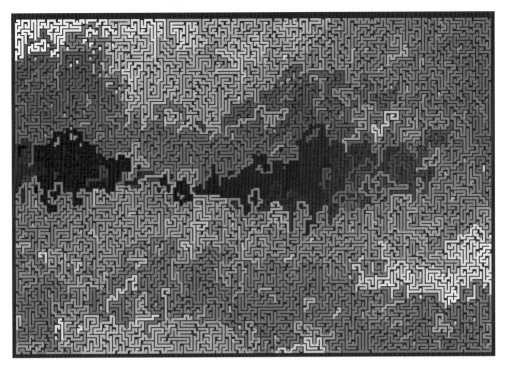

使用迷宫功能，图像经过黑白位图处理后，通过格子细分与色彩距离算法，构建出复杂的路径与墙体。

深浅不一的蓝绿色调不仅增加了迷宫的视觉深度，也模拟了丛林中错综复杂的树木和植被。

迷宫图案装饰画设计 2024

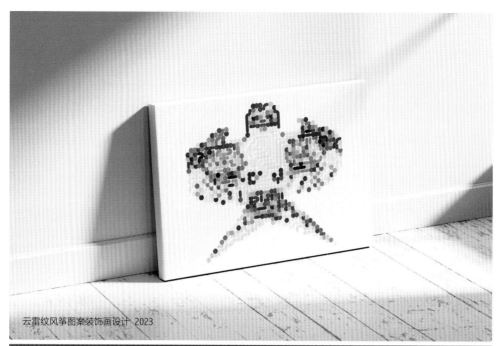

云雷纹风筝图案装饰画设计 2023

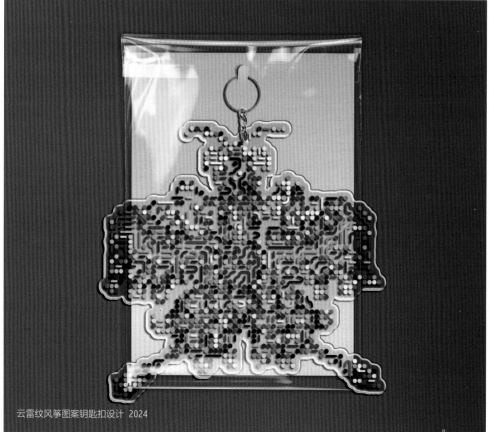

云雷纹风筝图案钥匙扣设计 2024

　算境幻绘：代码艺术探索

使用云雷纹呈现的西湖小景，通过对色彩误差阈值的调整，

呈现出密集碎点和整齐曲线两种不同风格的风景图。通过技术的加持使画面的风格更加多变、有趣。

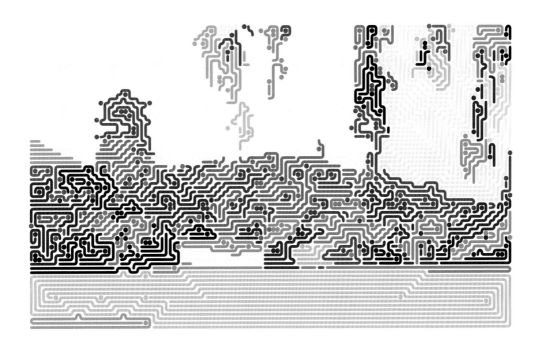

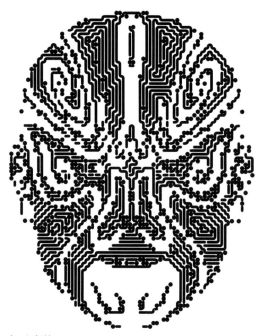
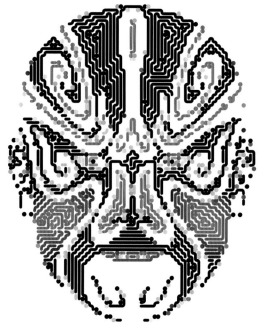

京剧脸谱

云雷纹的生成以色彩为导向，曲线在各色区内部蜿蜒伸展，

色彩为这种进一步的底纹细节的生成定义了一种模式。

如此处理后，我们发现即使色彩消失，形态的分区依然存在。

当脸谱需要用在石雕等无色介质上时，对色彩的知觉依然存在。

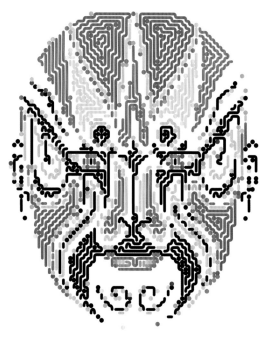
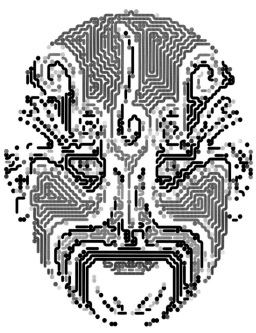

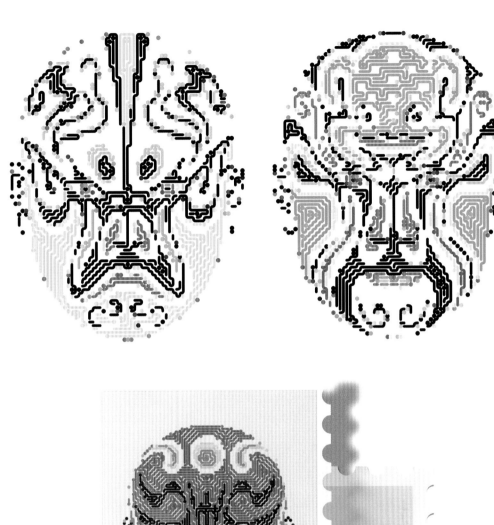

云雷纹脸谱邮票设计　2023

第 6 章

非遗

镂雕折扇　瓦花墙洞

经纬天地

古老的传统文化，
先人的生活智慧，
在现代技术的赋能之下焕发出新的创意。

镂雕折扇

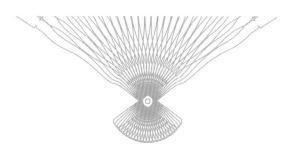

多数传统文化的图案细节丰富、视觉饱满，同时也带来了设计上的工作量。数字技术为此提供了便捷的处理方案。根据镂雕折扇的结构特征，把复杂的平面设计图案自动转化为适合镂雕工艺的图案，精确计算扇骨之间的压叠，拆解源图生成每一根扇骨，判断镂雕完成后每一个部分的断连以保证连续，自动生成轴钉孔和穿线孔，最后输出可以直接进行激光切割的矢量图。程序把最核心的创意部分留给设计师，而辅助完成大量繁琐的工作。

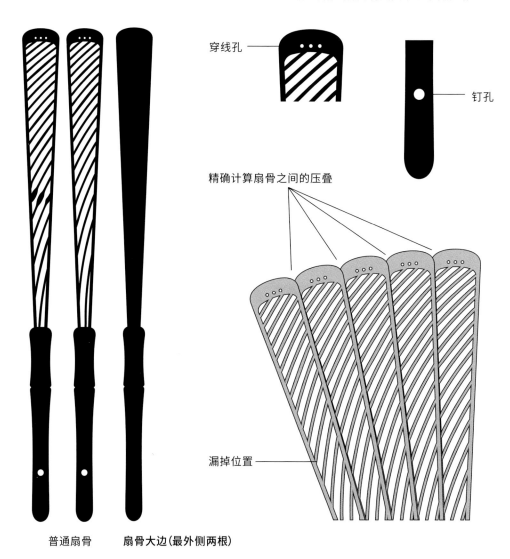

普通扇骨　　扇骨大边(最外侧两根)

穿线孔

钉孔

精确计算扇骨之间的压叠

漏掉位置

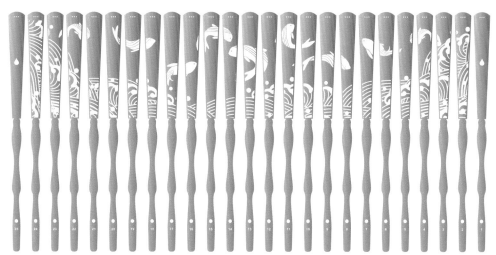

扇骨间的镂空，映射了技术细节与工艺美的精致平衡；折叠间的纹理，讲述了一种全新生活方式的诗意想象。

此作，帮助编织折扇文化更好地传承，展现了在数字化浪潮中，传统手工艺如何焕发新生，

成为现代设计语言的鲜活注脚。

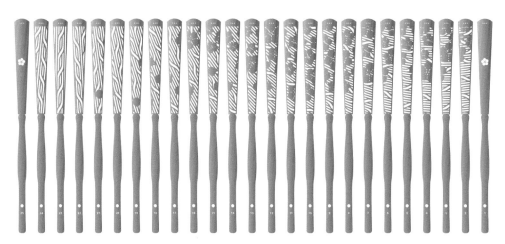

在古典与未来的边界上，这一对编织纹样镂雕折扇创新了折扇产品的数字化设计技术，

巧妙融合了激光雕刻技术与传统文化的美学。它们不仅仅是风的载体，也成了文化创新的承载者。

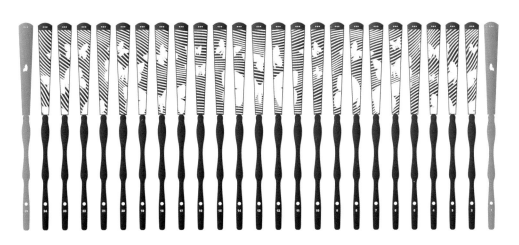

程序赋予了连续图案的精准分割与对位操作，并解锁了每一条线的创意空间。

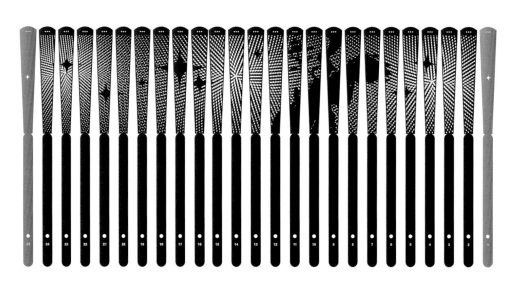

镂雕折扇是一个奇妙的载体，几乎每一寸都是设计和创意的舞台。

图案制作由运动员动态图像转换灰度图开始，从而更好地捕捉视觉和形态信息。

通过编码进行图像处理，来映射出图片中的纹理变化。

为更好地重现运动员的形象，可调整编织曲线的宽度。

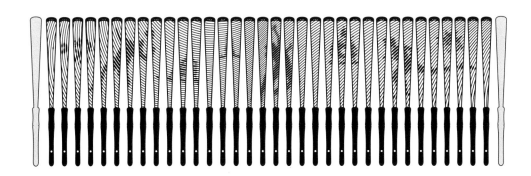

利用编织纹理数字化设计制成的扇子，既代表着定制化工艺，也代表着现代数字设计，
它不仅仅作为工艺品存在，更是一种科技与传统手工艺完美结合的象征。

扇形的纹理设计，呈现出动态的美感，
在每次扇动中好似可以看到赛场上充满活力的运动员。
这不再只是一个单纯的纪念品，
还是一场跨国界的文化交流，
对运动精神与匠人精神的致敬。

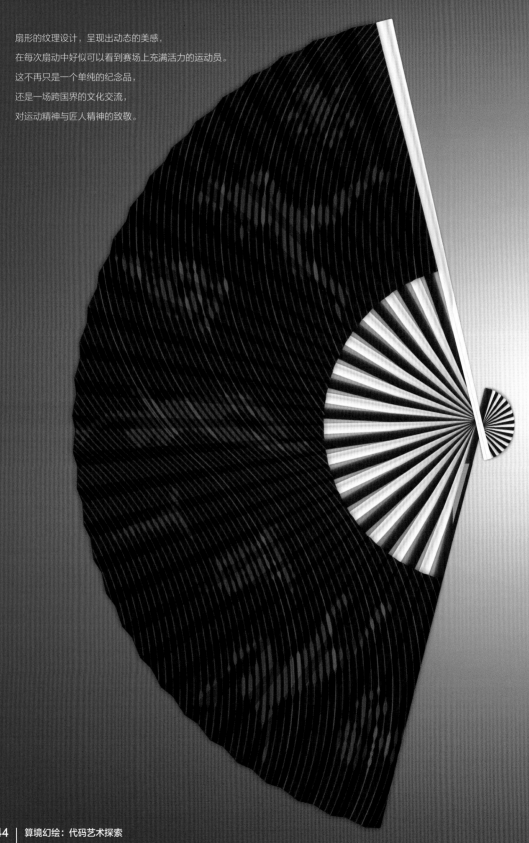

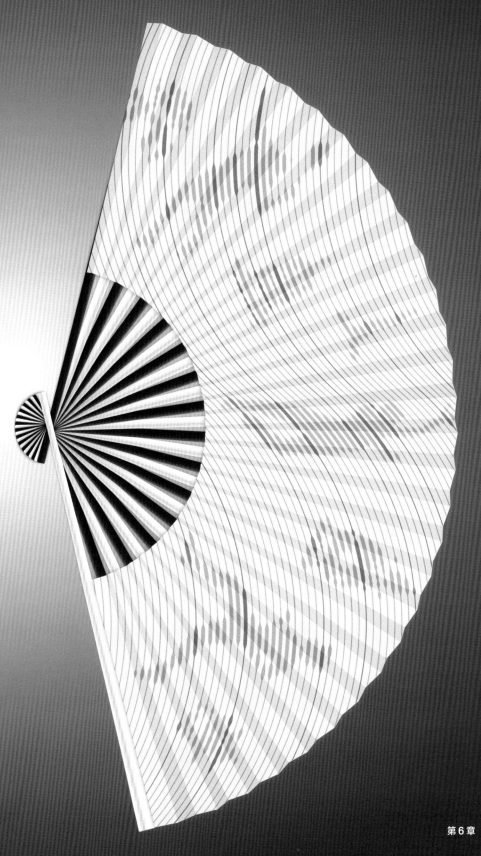

瓦花墙洞

瓦花墙洞是指中国古建筑中填充墙洞的弧形瓦片构成的图案，《营造法原》中记录了 9 种瓦花墙洞的图案，瓦片通常只有一种规格，但可以组合出丰富的图案样式。程序对单一的弧形瓦片元素进行编码并设计了组合规则，定义了一种四进制的算法框架，自动生成符合瓦花墙洞意象特征的图案，并将墙洞图案作为底纹，进行更丰富的图像表达，形成有文化意蕴的图像解构模式。

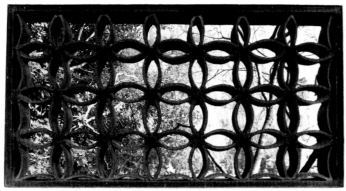

对于一些看似复杂
实则有序的传统纹样，
用程序再现它们的第一步往往是
找出最小单元。
从《营造法原》中汲取灵感，
用现代编码技术重现
瓦花墙洞的古韵。

瓦花墙洞纹样设计插件在复刻古典美感的同时，更加入了现代的色彩，让整个图案像是流动的色彩河流。无论是用于装饰还是作为一种文化表达，它都完美地连接了过去与未来。

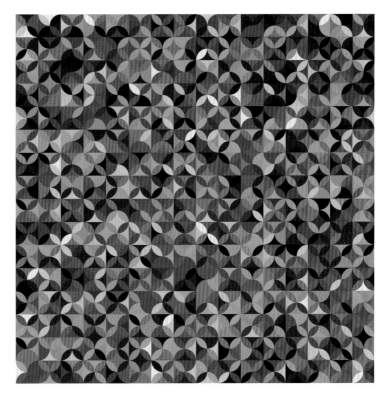

化妆品包装设计 2023

经纬天地

作为非物质文化遗产的竹编，其纵横挑压的编织纹理已经从实用结构演化成一种有魅力的平面图案形式，甚至成为一种图形化表达的载体。程序基于用户给定的若干条近似平行的曲线自动计算出在曲线骨架基础上用编织结构填满空间的方法，一如现实世界中的人类在树桩之间构建篱笆，形成既抽象又有真实感的编织纹理。一切美的事物均来自现实，又不同于现实。

经纬编织图案手提包设计 2023

用编织纹理对铜版画中的
交叉排线进行重新设计，
形成数字版画的独特魅力，
既保留了版画的本质特征，
又利用数字技术进行了拓展。

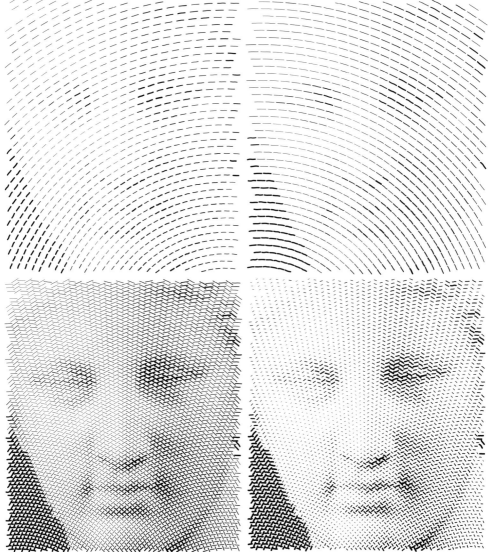

致谢

感谢浙江工业大学工业设计学科的同事们和学生们，没有他们的支持和贡献，这本书的问世将不可能实现。

感谢刘肖健老师、朱昱宁老师、徐博群老师为本书代码编写、调试、应用测试付出的辛勤劳动。

感谢孙婷玉同学、石婧怡同学、张海博同学、王子涵同学等研究生为本书提供珍贵的设计实例。

感谢廖宏欢女士对本书出版给予的中肯建议和指导。

这本书是共同努力的成果，我为能与你们一起工作感到骄傲和荣幸！

刘肖健

浙江工业大学工业设计研究院教师

朱昱宁

浙江工业大学设计与建筑学院教师

徐博群

浙江工业大学设计与建筑学院教师

孙婷玉
浙江工业大学艺术设计专业工业设计方向研究生

石婧怡
浙江工业大学艺术设计专业工业设计方向研究生

张海博
浙江工业大学艺术设计专业工业设计方向研究生

王子涵
浙江工业大学艺术设计专业工业设计方向研究生